Sötemann · Formelsammlung Wirtschaftsmathematik

T0237551

Wolfgang Sötemann

Formelsammlung Wirtschaftsmathematik

Wirtschaftsrechnen schnell nachschlagen und verstehen

GABLER

Bibliografische Information Der Deutschen Nationalbibliothek
Die Deutsche Nationalbibliothek verzeichnet diese Publikation in der
Deutschen Nationalbibliografie; detaillierte bibliografische Daten sind im Internet
über <http://dnb.d-nb.de> abrufbar.

1. Auflage 2007

Alle Rechte vorbehalten
© Betriebswirtschaftlicher Verlag Dr. Th. Gabler | GWV Fachverlage GmbH,
Wiesbaden 2007

Lektorat: Dr. Riccardo Mosena
Korrektorat: Inge Kachel-Moosdorf
Technische Edition: Klaus Wollner

Der Gabler Verlag ist ein Unternehmen von Springer Science+Business Media.
www.gabler.de

Umschlaggestaltung: Ulrike Weigel, www.CorporateDesignGroup.de
Druck und buchbinderische Verarbeitung: Wilhelm & Adam, Heusenstamm
Gedruckt auf säurefreiem und chlorfrei gebleichtem Papier

ISBN 978-3-409-14241-0

Vorwort

Im täglichen Leben sind wir heute häufig auf schnelle Informationen angewiesen; nicht selten auf solche, die mit Mathematik und ihren Anwendungen zu tun haben. Bei Problemlösungen stellt sich somit in der Regel die Frage nach einer geeigneten Informationsquelle, die verständlich ist. Mathematische Beweise dürfen hierbei nicht im Vordergrund stehen.

Das vorliegende Manuskript enthält insgesamt 224 Regeln, die überwiegend durch Zeichnungen sowie theoretische und praktische Beispiele erläutert werden. Das Hauptaugenmerk der Anwendungen liegt hierbei auf dem kaufmännischen Rechnen, der Finanzmathematik und der Statistik.

Erörtert werden jedoch auch die Kapitel Mengenlehre, lineare Algebra, Funktionen einer Variablen und Infinitesimalrechnung; die Gliederung wird abgeschlossen durch Geometrie, Logarithmentafeln und einen Index, der das schnelle Auffinden einzelner Suchbegriffe sicherstellt.

Bremen, Juni 2007   W. Sötemann

Inhaltsverzeichnis

Symbolverzeichnis

$a \Rightarrow b$	aus a folgt b
$a \Leftarrow b$	aus b folgt a
$a \Leftrightarrow b$	a und b sind äquivalent
$a \in A$	a ist Element von A
$a \notin A$	a ist nicht Element von A
$A \cup B$	Vereinigungsmenge von A und B
$A \cap B$	Durchschnittsmenge von A und B
$A - B$	Differenzmenge von A und B
$P(A)$	Potenzmenge der Menge A
$\lim\limits_{n \to \infty} a_n$	Grenzwert (Limes) der Zahlenfolge (a_n)
$\lim\limits_{x \to x_0} f(x)$	Grenzwert (Limes) der Funktion f(x) für $x \to x_0$
$f'(x)$	erste Ableitung der Funktion f(x)
$f^{(n)}(x)$	n-te Ableitung der Funktion f(x)
$\int\limits_a^b f(x)\,dx$	bestimmtes Integral der Funktionn f(x) über [a, b]
$\int f(x)\,dx$	unbestimmtes Integral der Funktion f(x)
$\sum\limits_{i=1}^n a_i$	$a_1 + a_2 + \ldots + a_n$
$\prod\limits_{i=1}^n a_i$	$a_1 \cdot a_2 \cdot \ldots \cdot a_n$
$\mathbb{N}$	natürliche Zahlen
$\mathbb{Z}$	ganze Zahlen
$\mathbb{Q}$	rationale Zahlen
$\mathbb{R}$	reelle Zahlen
$\mathbb{C}$	komplexe Zahlen
ax	abkürzende Schreibweise für $a \cdot x$

1. Logik und Mengenlehre

Die Logik beschäftigt sich mit den elementaren Verknüpfungen von Aussagen. Jede Aussage hat hierbei einen Wahrheitswert, der entweder wahr (w) oder falsch (f) ist. Mit den logischen Verknüpfungen *und*, *oder* und *nicht* lassen sich Aussagen zusammensetzen. Die Mengenlehre wurde im 19. Jahrhundert von dem Mathematiker Cantor entwickelt; Mengen bestehen hierbei aus Elementen und über elementare Verknüpfungen werden neue Mengen gebildet.

1.1 Logik

Regel 1   Wahrheitswert einer Aussage

Jede Aussage ist entweder wahr (w) oder falsch (f).

Beispiele

Die Aussage „fünf ist größer als drei" ist richtig.
Die Aussage „ alle Autos sind rot" ist falsch.
Die Aussage „ alle Studenten haben Betriebswirtschaft studiert" ist falsch.

Regel 2   Verknüpfung und Verneinung von Aussagen

Aussagen werden verknüpft durch:
und   als Symbol $\wedge$
oder   als Symbol $\vee$
Eine Aussage wird *verneint* durch das Symbol

Beispiel

p und q seien Aussagen.
Dann werden durch $p \wedge q$ und $p \vee q$ Aussagen definiert.

Regel 3   Einfache Wahrheitstafel

Für Aussagen p und q gilt folgende Wahrheitstafel:

p	q	nicht p	p oder q	p und q
w	w	f	w	w
w	f	f	w	f
f	w	w	w	f
f	f	w	f	f

Tabelle 1: Mathematische Wahrheitstafel

Beispiel

p:	fünf ist größer als drei	wahr
q:	alle Autos sind rot	falsch
nicht p:	fünf ist nicht größer als drei	falsch
p oder q:	fünf ist größer als drei oder alle Autos sind rot	wahr
p und q:	fünf ist größer als drei und alle Autos sind rot	falsch

Regel 4   Mathematische Folgerungen

In dieser Regel bezeichnen p, q und r Aussagen.

(a) $p \Rightarrow q$ bedeutet: Aus p folgt q.

(b) $p \Leftrightarrow q$ bedeutet: Die Aussagen p und q sind äquivalent.

Mit den Schreibweisen aus Regel 2 gilt dann:

(c) Kommutativgesetze: $p \wedge q \Leftrightarrow q \wedge p$
$p \vee q \Leftrightarrow q \vee p$

(d) Assoziativgesetze: $(p \wedge q) \wedge r \Leftrightarrow p \wedge (q \wedge r)$
$(p \vee q) \vee r \Leftrightarrow p \vee (q \vee r)$

(e) Distributivgesetze: $p \vee (q \wedge r) \Leftrightarrow (p \vee q) \wedge (p \vee r)$
$p \wedge (q \vee r) \Leftrightarrow (p \wedge q) \vee (p \wedge r)$

1.2 Mengenlehre

1.2.1 Mengendefinition

Regel 5   Definition einer Menge

Jede Menge ist eindeutig definiert durch die Elemente, die sie enthält.

Regel 6   Beschreibung von Mengen

Eine Menge kann durch Aufzählung oder Bedingung beschrieben werden.

Beispiel

Aufzählung: $A = \{-1, 1\}$
Bedingung: Die Menge A bestehe aus den reellen Lösungen der quadratischen
                Gleichung $x^2 = 1$.

Regel 7   Gleichheit von Mengen

Die Mengen A und B sind genau dann gleich, wenn sie aus denselben
Elementen bestehen.

Beispiel

Sei A die Menge der männlichen versicherungspflichtigen Arbeitnehmer Deutschlands, sei B
die Menge der weiblichen versicherungspflichtigen Arbeitnehmer. Dann ist $A \neq B$.

Regel 8   Besondere Schreibweisen

für die leere Menge: $\{\ \}$
falls x Element von A ist: $x \in A$
falls x nicht Element von A ist: $x \notin A$

1.2.2 Mengenverknüpfungen

A, B und C seien Mengen. Man definiert:

(a) A ist echte Teilmenge von B:
$A \subset B \Leftrightarrow x \in A \Rightarrow x \in B$, $A \neq B$
Jedes Element welches in A liegt, liegt auch in B. Der Fall A = B ist ausgeschlossen.

(b) A ist Teilmenge von B:
$A \subseteq B \Leftrightarrow x \in A \Rightarrow x \in B$
Jedes Element, welches in A liegt, liegt auch in B.
Der Fall A = B ist im Gegensatz zu (a) zugelassen.

(c) Durchschnittsmenge von A und B:
$A \cap B = \{x | \; x \in A \text{ und } x \in B\}$

Die Durchschnitsmenge $A \cap B$ enthält alle Elemente, die sowohl in A als auch in B liegen.

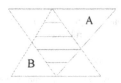

(d) Vereinigungsmenge von A und B:
$A \cup B = \{x | \; x \in A \text{ oder } x \in B\}$

Die Vereinigungsmenge $A \cup B$ enthält alle Elemente, die zu A oder zu B gehören.

(e) Differenzmenge von A und B:

$A - B = \{x \mid x \in A,\ x \notin B\}$

Die Differenzmenge $A - B$ enthält alle Elemente, die in A und nicht in B liegen.

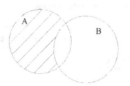

Nun gelte $A \subseteq C$.

(f) Komplement von A in C:

$\overline{A} = \{x \mid x \in C,\ x \notin A\}$

Das Komplement von A in C enthält alle Elemente, die in C und nicht in A liegen.

(g) Kartesisches Produkt von A und B:

$A \times B = \{(x, y) \mid x \in A,\ y \in B\}$

Das kartesische Produkt $A \times B$ besteht aus allen Paaren (x, y), bei denen x ein Element von A und y ein Element von B ist.

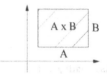

(h) Potenzmenge von A:

$P(A) = \{X \mid X \text{ ist Teilmenge von } A\}$

Die Potenzmenge $P(A)$ besteht aus allen Teilmengen der Menge A. Die leere Menge und die Menge A sind stets Elemente der Potenzmenge $P(A)$.

Beispiele

(1) Mengenverknüpfungen

Sei $A = \{1\}$, $B = \{1, 2\}$ und $C = \{1, 2, 3\}$.

(a) A ist echte Teilmenge von B.

(b) C ist nicht Teilmenge von B.

(c) $A \cap B = \{1\} \cap \{1, 2\} = \{1\}$

(d) $A \cup B = \{1\} \cup \{1, 2\} = \{1, 2\}$

(e) $A - B = \{1\} - \{1, 2\} = \{\ \}$

(f) $\overline{A}$ (in C) $= \{2, 3\}$

(g) $A \times B = \{(1, 1), (1, 2)\}$

(h) $P(A) = \{\{\ \}, \{1\}\}$

(2) Durchschnittsbildung

Sei A die Menge der Arbeitnehmer in Deutschland, die älter als 50 Jahre sind und B die Menge der Arbeitnehmer, die älter als 60 Jahre sind. Bilden Sie $A \cap B$.

Lösung:
Es ist $A \cap B = B$.

Regel 10   Mengenverknüpfungen

Seien A, B, C und G Mengen. Dann gelten die folgenden Gesetze:

(a) Kommutativgesetze:
$A \cup B = B \cup A$ und
$A \cap B = B \cap A$

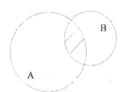

(b) Assoziativgesetze :
$A \cup (B \cup C) = (A \cup B) \cup C$ und
$A \cap (B \cap C) = (A \cap B) \cap C$

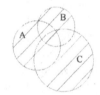

(c) Distributivgesetze:
$A \cup (B \cap C) = (A \cup B) \cap (A \cup C)$ und
$A \cap (B \cup C) = (A \cap B) \cup (A \cap C)$

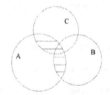

(d) Gesetze von de Morgan: Sind A, B Teilmengen einer Grundmenge G, so gilt:
$\overline{A \cup B} = \overline{A} \cap \overline{B}$ und $\overline{A \cap B} = \overline{A} \cup \overline{B}$

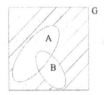

Beispiel

Sei $A = \{1, 2, 3\}$, $B = \{2, 3, 4\}$, $C = \{4, 5\}$ und $G = \{1, 2, 3, 4, 5, 6\}$.

(a) Es ist $A \cup B = \{1, 2, 3, 4\} = B \cup A$.

(b) Es ist $A \cup (B \cup C) = \{1, 2, 3\} \cup \{2, 3, 4, 5\} = \{1, 2, 3, 4, 5\} = (A \cup B) \cup C$.

(c) Es ist $A \cup (B \cap C) = \{1, 2, 3\} \cup \{4\} = \{1, 2, 3, 4\} = (A \cup B) \cap (A \cup C)$.

(d) Mit G als Grundmenge gilt: $\overline{A \cup B} = \overline{\{1, 2, 3, 4\}} = \{5, 6\} = \overline{A} \cap \overline{B}$.

1.2.3 Zahlenmengen

Regel 11   Zahlenmengen

In der Mathematik definiert man die folgenden Zahlenmengen:

(a) Menge der natürlichen Zahlen: $\mathbb{N} = \{1, 2, 3, \ldots\ldots\}$
$\mathbb{N}_0 = \mathbb{N} \cup \{0\}$

(b) Menge der ganzen Zahlen: $\mathbb{Z} = \{\ldots, -3, -2, -1, 0, 1, 2, 3, \ldots\}$

(c) Menge der rationalen Zahlen: $\mathbb{Q} = \left\{ \dfrac{p}{q} \mid p, q \text{ ganze Zahlen}, q \neq 0 \right\}$

Die Menge der rationalen Zahlen besteht aus allen Brüchen $\dfrac{p}{q}$, wobei p und q ganze Zahlen sind und q von Null verschieden ist.

(d) Menge der irrationalen Zahlen: $\mathbb{R}\text{-}\mathbb{Q} = \left\{ x \in \mathbb{R} \mid x \notin \mathbb{Q} \right\}$

Die Menge der irrationalen Zahlen besteht aus allen reellen Zahlen, die sich nicht als Bruch schreiben lassen.

Die Zahl $\sqrt{2}$ lässt sich z.B. nicht als Bruch schreiben.

(e) Menge der reellen Zahlen: $\mathbb{R}$

Diese Menge besteht aus allen rationalen und irrationalen Zahlen.

(f) Produktmenge $\mathbb{R}^n$: $\mathbb{R} = \left\{ (r_1, r_2, \ldots, r_n) \mid r_i \in \mathbb{R} \text{ für alle } i \right\}$

Diese Menge bezeichnet man als das n-fache kartesische Produkt der reellen Zahlen $\mathbb{R}$ mit sich selbst:

$$\mathbb{R}^n = \mathbb{R} \times \mathbb{R} \times \ldots \times \mathbb{R} \text{ (n Faktoren)}$$

Regel 12   Zahlenmengen als Teilmengen

Es gilt: $\mathbb{N} \subset \mathbb{Z} \subset \mathbb{Q} \subset \mathbb{R}$

Beispiel: Durchschnitt unendlich vieler Mengen

Für alle $i \in \mathbb{N}$ sei $M_i = \{ n \in \mathbb{N} \mid n \geq i \}$. Dann ist $\bigcap_{i=1}^{\infty} M_i = \{ \ \}$.

Beweis:

$x \in \bigcap_{i=1}^{\infty} M_i \Rightarrow x \in M_i$ für alle $i \in \mathbb{N} \Rightarrow x \in M_{x+1}$, was ein Widerspruch ist, denn die Menge M_{x+1} enthält alle natürlichen Zahlen, die größer gleich x+1 sind. Die Annahme, dass die Menge $\bigcap_{i=1}^{\infty} M_i$ ein Element enthält, ist also falsch.

2. Elementarregeln, Intervalle

Grundrechenarten sind die Voraussetzung für das kaufmännische Rechnen; im täglichen Leben sind wir stets mit ihnen konfrontiert. Sie führen zum Rechnen mit Wurzeln und Potenzen sowie einfachen Gleichungen und Ungleichungen. Die in diesem Kapitel definierten Intervalle sind spezielle Teilmengen der reellen Zahlen. Diese Teilmengen sind bei der Definition der mathematischen Funktionen von besonderer Bedeutung. Die ökonomischen Funktionen *Gewinnfunktion*, *Erlösfunktion* und *Kostenfunktion* setzen in der Regel solche Intervalle voraus.

2.1 Die Grundrechenarten

Regel 13   Das Rechnen mit Brüchen

Sind $\dfrac{a}{b}$, $\dfrac{c}{d}$ Brüche mit b, $d \neq 0$ und ist $0 \neq k \in \mathbb{R}$, so gilt:

(a) Erweitern mit k: $\quad \dfrac{a}{b} = \dfrac{a \cdot k}{b \cdot k}$ $\qquad$ (b) Kürzen durch k: $\quad \dfrac{a}{b} = \dfrac{a : k}{b : k}$

(c) Addition : $\quad \dfrac{a}{b} + \dfrac{c}{d} = \dfrac{ad + bc}{bd}$ $\qquad$ (d) Subtraktion: $\dfrac{a}{b} - \dfrac{c}{d} = \dfrac{ad - bc}{bd}$

(e) Multiplikation: $\quad \dfrac{a}{b} \cdot \dfrac{c}{d} = \dfrac{a \cdot c}{b \cdot d}$ $\qquad$ (f) Division: $\quad \dfrac{a}{b} : \dfrac{c}{d} = \dfrac{a \cdot d}{b \cdot c}$

Beispiel

(a) $\dfrac{2}{5} = \dfrac{2 \cdot 3}{5 \cdot 3} = \dfrac{6}{15}$ $\qquad$ (b) $\qquad \dfrac{9}{3} = \dfrac{9 : 3}{3 : 3} = 3$

(c) $\dfrac{1}{2} + \dfrac{1}{3} = \dfrac{3 \cdot 1 + 2 \cdot 1}{2 \cdot 3} = \dfrac{5}{6}$ $\qquad$ (d) $\qquad \dfrac{1}{2} - \dfrac{1}{3} = \dfrac{3 \cdot 1 - 2 \cdot 1}{2 \cdot 3} = \dfrac{1}{6}$

(e) $\dfrac{1}{2} \cdot \dfrac{3}{5} = \dfrac{1 \cdot 3}{2 \cdot 5} = \dfrac{3}{10}$ $\qquad$ (f) $\qquad \dfrac{1}{2} : \dfrac{3}{5} = \dfrac{1 \cdot 5}{2 \cdot 3} = \dfrac{5}{6}$

Regel 14   Grundgesetze für das Rechnen mit reellen Zahlen

Für a, b, c∈ℝ gelten die folgenden Gesetze:

(a) Kommutativgesetze: $a+b=b+a$ und $ab = ba$

(b) Assoziativgesetze: $(a + b) + c = a + (b + c)$

                                       $(ab) \cdot c = a \cdot (bc)$

(c) Distributivgesetz: $(a + b) \cdot c = ac + bc$

(d) Anordnung: $a < b \Rightarrow ac < bc$ für $c > 0$

                                $a < b \Rightarrow ac > bc$ für $c < 0$

Beispiel

(a) $3 + 5 = 5 + 3 = 8$ und $3 \cdot 5 = 5 \cdot 3 = 15$

(b) $(3 + 4) + 5 = 3 + (4 + 5) = 12$ und $(3 \cdot 4) \cdot 5 = 3 \cdot (4 \cdot 5) = 60$

(c) $(3 + 4) \cdot 5 = 3 \cdot 5 + 4 \cdot 5 = 35$

(d) $3 < 4 \Rightarrow 3 \cdot 2 < 4 \cdot 2$ und $3 < 4 \Rightarrow 3 \cdot (-2) > 4 \cdot (-2)$

2.2 Binomischer Satz und vollständige Induktion

Regel 15   Der absolute Betrag

Für $a \in \mathbb{R}$ bezeichnet $|a|$ den absoluten Betrag von a. Hierbei gilt:

$a > 0 \Rightarrow |a| = a$ $a = 0 \Rightarrow |a| = 0$ $a < 0 \Rightarrow |a| = -a$

Beispiel

$$|3| = 3 \qquad \text{und} \qquad |-3| = 3$$

Regel 16   Dreiecksungleichung

Für $a, b \in \mathbb{R}$ ist $|a + b| \leq |a| + |b|$.

Für $a_1, a_2, a_3, ..., a_n \in \mathbb{R}$ ist $|a_1 + a_2 + a_3 + ... + a_n| \leq |a_1| + |a_2| + ... + |a_n|$.

Beispiel

$$4 = |-3 + 7| \leq |-3| + |7| = 10$$

Regel 17   Binomische Formeln

Für $a, b \in \mathbb{R}$ gilt:

$$(a + b)^2 = a^2 + 2ab + b^2 \qquad\qquad (a - b)^2 = a^2 - 2ab + b^2$$

$$(a + b)(a - b) = a^2 - b^2$$

Regel 18   Die Fakultät

Für $n \in \mathbb{N}$ ist $n! = 1 \cdot 2 \cdot 3 \cdot \ldots \cdot n$.

Man definiert $0! = 1$.

Beispiele

$1! = 1$

$2! = 1 \cdot 2 = 2$

$3! = 1 \cdot 2 \cdot 3 = 6$

$4! = 1 \cdot 2 \cdot 3 \cdot 4 = 24$

$5! = 1 \cdot 2 \cdot 3 \cdot 4 \cdot 5 = 120$

Regel 19   Binomialkoeffizienten, binomischer Satz

(a) Binomialkoeffizienten:

Für $n, k \in \mathbb{N}_0$ mit $k \leq n$ ist $\dbinom{n}{k} = \dfrac{n!}{k! \, (n-k)!}$

der Binomialkoeffizient n über k.

(b) binomischer Satz:

Für $a, b \in \mathbb{R}$ und $n \in \mathbb{N}$ ist

$$(a+b)^n = a^n + \binom{n}{1} \cdot a^{n-1} \cdot b^1 + \binom{n}{2} \cdot a^{n-2} \cdot b^2 + \ldots + \binom{n}{k} \cdot a^{n-k} \cdot b^k + \ldots + b^n.$$

Beispiel

(a) $\dbinom{6}{3} = \dfrac{6!}{3! \cdot 3!} = \dfrac{720}{6 \cdot 6} = 20$

(b) $(a+b)^3 = a^3 + \dbinom{3}{1} \cdot a^2 \cdot b + \dbinom{3}{2} \cdot a \cdot b^2 + \dbinom{3}{3} \cdot b^3$

$= a^3 + 3 \cdot a^2 \cdot b + 3 \cdot a \cdot b^2 + b^3$

Regel 20   Vollständige Induktion

Die Aussage B(n) werde für alle natürlichen Zahlen n mit $n \geq n_0$ behauptet. Es gelte:

> **Induktionsanfang :** $B(n_0)$ ist wahr.
>
> **Induktionsschluss:** $B(n)$ wahr $\Rightarrow B(n+1)$ ist wahr für alle $n \geq n_0$.

Dann ist die Aussage B(n) wahr für alle $n \geq n_0$.

Beispiel: Bernoulli-Ungleichung

Für h>0 und $n \in \mathbb{N}$ ist $(1+h)^n \geq 1 + nh$.

Beweis:

Induktionsanfang: Für $n_0 = 1$ ist $1 + h \geq 1 + h$.

Induktionsschluss: Es gelte $\left(1+h\right)^n \geq 1 + nh$ für ein $n \geq 1$.

Dann ist $(1+h)^{n+1} = (1+h)^n \cdot (1+h) \geq (1+nh) \cdot (1+h) \geq 1 + nh + h = 1 + (n+1) \cdot h$.

2.3 Intervalle

Regel 21   Intervalldefinition

Für reelle Zahlen $a < b$ definiert man Intervalle als Zahlenmengen wie folgt:

geschlossenes Intervall: $[a, b] = \{x \mid a \leq x \text{ und } x \leq b\}$

offenes Intervall   : $(a, b) = \{x \mid a < x \text{ und } x < b\}$

halboffene Intervalle : $(a, b] = \{x \mid a < x \text{ und } x \leq b\}$

       : $[a, b) = \{x \mid a \leq x \text{ und } x < b\}$

a [————————] b

a (————————) b

a (————————] b

a [————————) b

Beispiel

Das offene Intervall $(3, 5)$ besteht aus allen reellen Zahlen, die größer als 3 und kleiner als 5 sind.

Regel 22   Intervalle im n-dimensionalen Raum

Intervalle im n-dimensionalen Raum $\mathbb{R}^n$ werden entsprechend Regel 21 definiert.

Beispiel

Geschlossenes Intervall im $\mathbb{R}^n$:

$$[a_1, b_1] \times [a_2, b_2] \times \ldots \times [a_n, b_n] = \left\{ (x_1, x_2, \ldots, x_n) \mid a_1 \leq x_1 \leq b_1, \ldots, a_n \leq x_n \leq b_n \right\}$$

3. Wurzeln, Potenzen, Logarithmen und Gleichungen

Das Rechnen mit *Wurzeln*, *Potenzen* und *Logarithmen* baut auf den Grundrechenarten auf und ist Grundlage für geometrische Berechnungen sowie die Differential- und Integralrechnung. Die Lösung einer quadratischen Gleichung beispielsweise setzt die Grundrechenarten voraus, benötigt jedoch auch die Wurzelrechnung sowie das Potenzieren.

3.1 Wurzeln, Potenzen und Logarithmen

Regel 23   Definition der Potenz

Für $x \in \mathbb{R}$ und $n \geq 1$ ist $x^n = x \cdot x \cdot \ldots \cdot x$ (n Faktoren) die n-te Potenz von x. Man setzt $x^0 = 1$ für $x \neq 0$.

Die folgende Tabelle zeigt die Umsatzentwicklung der Firma Kurt Werner Klose von 2000 bis 2004 in Millionen Euro:

2000	2001	2002	2003	2004
1,1	$1,1^2$	$1,1^3$	$1,1^4$	$1,1^5$

Tabelle 2: Betriebliche Umsatzentwicklung

Regel 24   Rechnen mit Potenzen

Für $x, y \in \mathbb{R}$ gilt:

(a) $x^m \cdot x^n = x^{m+n}$ (b) $x^m : x^n = x^{m-n}$ (c) $x^n \cdot y^n = (x \cdot y)^n$

(d) Für $y \neq 0$ ist $x^n : y^n = \left(\dfrac{x}{y} \right)^n$.

Beispiel

(a) $3^5 \cdot 3^7 = 3^{5+7} = 3^{12}$ (b) $3^7 : 3^5 = 3^{7-5} = 3^2$ (c) $3^5 \cdot 4^5 = (3 \cdot 4)^5$

Regel 25   Definition einer Wurzel

Für $c \geq 0$ und $n \geq 2$ nennt man die eindeutige nichtnegative Lösung der Gleichung $x^n = c$ die n - te Wurzel von c. Man schreibt:

$$\sqrt[n]{x} = c \Leftrightarrow c^n = x .$$

Regel 26   Das Rechnen mit Wurzeln

Für $m, n \geq 2$ und $x, y \geq 0$ gilt:

(a) $\sqrt[n]{x} \cdot \sqrt[n]{y} = \sqrt[n]{x \cdot y}$ (b) $\sqrt[n]{\sqrt[m]{x}} = \sqrt[m]{\sqrt[n]{x}} = \sqrt[n \cdot m]{x}$

(c) Für $y \neq 0$ ist $\dfrac{\sqrt[n]{x}}{\sqrt[n]{y}} = \sqrt[n]{\dfrac{x}{y}}$.

Beispiel

(a) $\sqrt[2]{4} \cdot \sqrt[2]{16} = \sqrt[2]{64} = 8$ (b) $\sqrt[2]{\sqrt[3]{64}} = \sqrt[2]{4} = 2$ $\sqrt[3]{\sqrt[2]{64}} = 2$ $\sqrt[6]{64} = 2$

Regel 27   Schreibweisen

Man schreibt:

(a) $x^{-n} = \dfrac{1}{x^n}$ (b) $x^{\frac{m}{n}} = \sqrt[n]{x^m}$ (c) $x^{\frac{1}{n}} = \sqrt[n]{x}$ für $x > 0$.

Regel 28   Definition des Logarithmus

Es sei $a^x = b$ mit $a, b > 0$. Dann nennt man x den Logarithmus von b zur Basis a.

Schreibweise : $x = \log_a b$.

Regel 29   Rechengesetze für den Logarithmus

Für $c, d \in \mathbb{R}$ mit $c, d > 0$ und $n \in \mathbb{N}$ gilt:

(a) $\log_a (c \cdot d) = \log_a c + \log_a d$

(b) $\log_a \dfrac{c}{d} = \log_a c - \log_a d$

(c) $\log_a c^n = n \cdot \log_a c$

(d) $\log_a c^{\frac{1}{n}} = \dfrac{1}{n} \log_a c$

Beispiel

Es ist $\log_{10} 2 = 0,3010$. Berechnen Sie $\log_{10} 8$.

Lösung:

Es ist $\log_{10} 8 = \log_{10} 2^3 = 3 \cdot 0,3010 = 0,9030$.

Regel 30   Spezielle Logarithmen

Logarithmus von c zur Basis 10: $\log_{10} c = \log c$

natürlicher Logarithmus von c: $\log_e c = \ln c$

3.2 Lineare und quadratische Gleichung

Regel 31   Die lineare Gleichung

Eine Gleichung der Form $ax + b = c$ heißt linear ($0 \neq a$, b, c $\in \mathbb{R}$). Sie hat die

$$\text{Lösung } x = \frac{c - b}{a}.$$

Beispiel

Die Gleichung

$$3 \cdot x + 2 = 8$$

ist linear und hat die Lösung

$$x = \frac{8 - 2}{3} = \frac{6}{3} = 2.$$

Regel 32   Die quadratische Gleichung

	Normierte Darstellung	Normalform
	$x^2 + px + q = 0$	$ax^2 + bx + c = 0 \quad (a \neq 0)$
Umformung:	keine	$x^2 + \dfrac{b}{a}x + \dfrac{c}{a} = 0$
Lösung:	$x_{1;2} = -\dfrac{p}{2} \pm \sqrt{\dfrac{p^2}{4} - q}$	$x_{1;2} = -\dfrac{b \pm \sqrt{b^2 - 4 \cdot ac}}{2a}$
Diskriminante D:	$\dfrac{p^2}{4} - q$	$b^2 - 4ac$

Anzahl reelle Lösungen:

2, falls D > 0 gilt
1, falls D = 0 gilt
0, falls D < 0 gilt

Beispiel

Lösen Sie die Gleichung $x^2 - x - 2 = 0$.

Lösung:

Nach Regel 32 ist $x_{1;2} = \frac{1}{2} \pm \sqrt{\frac{1+8}{4}} = \frac{1}{2} \pm \frac{3}{2}$; also ist $x_1 = 2$ und $x_2 = -1$.

Regel 33   Der Satz von Vieta

Mit den Bezeichnungen von Regel 32 gilt:

(a) $x_1 + x_2 = -p$; $x_1 \cdot x_2 = q$ bei normierter Darstellung

(b) $x_1 + x_2 = \frac{-b}{a}$; $x_1 \cdot x_2 = \frac{c}{a}$ bei Normalform

Beispiel: Satz von Vieta bei normierter Darstellung

Für die quadratische Gleichung $x^2 - x - 2 = 0$ gilt nach dem Beispiel zu Regel 32:

$$x_1 + x_2 = 1 \qquad \text{und} \qquad x_1 \cdot x_2 = -2$$

Regel 34   Das Polynom n-ten Grades

Ein Ausdruck der Form $P(x) = a_0 + a_1 x + a_2 x^2 + \ldots + a_n x^n$ heißt Polynom n-ten Grades.

Beispiel: Kostenfunktion als Polynom

Eine Kostenfunktion habe die Gleichung
$$K(x) = 100 + x + 0,01 \cdot x^2.$$
Die Funktion $K(x)$ ist ein Polynom zweiten Grades. Das nebenstehende Diagramm zeigt den Anstieg der Kostenfunktion.

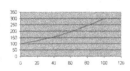

4. Abbildungen

Der Begriff *Abbildung* wird synonym verwendet für den Begriff *Funktion*. Unterschied ist lediglich, dass bei einer Funktion meist ein geschlossener Ausdruck vorliegt, wie z. B. f(x) = 20x+4. Der Begriff Abbildung setzt den Begriff Menge voraus. Abbildungen (oder Funktionen) treten in der Physik auf, wenn wir uns die Länge eines Körpers in Abhängigkeit von der Temperatur vorstellen, in der Ökonomie, wenn wir uns den Gewinn oder die Kosten in Abhängigkeit von der Produktionsmenge denken.

4.1 Definition einer Abbildung

Regel 35   Definition einer Abbildung

Seien A und B Mengen. Eine Vorschrift f, die jedem $x \in A$ genau ein Element $y \in B$ zuordnet, heißt Abbildung.

Beispiele

(1) Seien $A = \{1, 2, 3, 4\}$ und $B = \{1, 2, 3\}$ Mengen.
Durch

$f(1) = 1$	$f(2) = 2$
$f(3) = 3$	$f(4) = 1$

wird eine Abbildung $A \xrightarrow{\ f\ } B$ definiert.

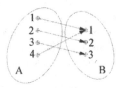

(2) Firma Gert Adolf Berger führt Personalnummern ein. Jedem Arbeitnehmer dieses Betriebes wird eine Personalnummer zugeordnet. Dann wird hierdurch eine Abbildung definiert.

4.2 Injektive, surjektive und bijektive Abbildungen

Regel 36   Das Bild einer Abbildung

Es sei $A \xrightarrow{\text{f}} B$ eine Abbildung. Dann ist

$$\text{Bild}(f) = \{f(x) \mid x \in A\}$$

das Bild von A unter f.

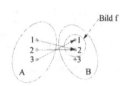

Regel 37   Injektive, surjektive und bijektive Abbildungen

A und B seien Mengen und $A \xrightarrow{\text{f}} B$ eine Abbildung von A nach B. Die Abbildung f heißt

(a) injektiv

$\Leftrightarrow f(x) = f(y) \Rightarrow x = y$ für alle $x, y \in A$.

Sind die Elemente x und y der Menge A voneinander verschieden, so sind auch die Elemente $f(x)$ und $f(y)$ der Menge B voneinander verschieden.

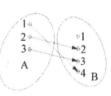

(b) surjektiv

$\Leftrightarrow$ zu jedem $y \in B$ gibt es ein $x \in A$ mit $f(x) = y$.

In diesem Fall gilt also $f(A) = B$. Die Elemente $f(x)$ und $f(y)$ der Menge B können identisch

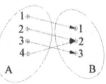

sein, auch wenn die Elemente x und y voneinander verschieden sind.

(c) bijektiv

$\Leftrightarrow$ f ist surjektiv und f ist injektiv.

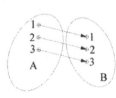

Beispiel

(a) Firma Gert Adolf Berger führt ebenfalls Artikelnummern ein. Jedem Artikel in diesem Betrieb wird eine Artikelnummer zugeordnet. Die Abbildung ist injektiv, da verschiedene Artikel verschiedene Artikelnummern haben.

(b) Durch die Vorschrift

$$f(z) = |z| \text{ für alle } z \in \mathbb{Z}$$

wird eine surjektive Abbildung $\mathbb{Z} \xrightarrow{\; f \;} \mathbb{N}_0$ definiert.

(c)) Durch die Vorschrift

$$f(z) = z \text{ für alle } z \in \mathbb{Z}$$

wird eine bijektive Abbildung $\mathbb{Z} \xrightarrow{\; f \;} \mathbb{Z}$ definiert.

Regel 38   Zusammengesetze Abbildungen

$A \xrightarrow{\; f \;} B$ und $B \xrightarrow{\; g \;} C$ seien Abbildungen. Dann wird durch $(gf)(x) = g(f(x))$ für alle $x \in A$ eine Abbildung $h = gf$ von A nach C definiert.

Beispiel

Gegeben seien die Mengen $A = \{1, 2, 3\}$, $B = \{1, 2\}$ und $C = \{3\}$ sowie die Abbildungen $A \xrightarrow{\; f \;} B$ und $B \xrightarrow{\; g \;} C$, welche wie folgt definiert sind:

$$f(1) = f(2) = f(3) = 1 \text{ und } g(1) = g(2) = 3 \; .$$

Dann gilt für die zusammengesetzte Abbildung $h = gf$:

$$h(1) = g(f(1)) = g(1) = 3$$

$$h(2) = g(f(2)) = g(1) = 3$$

$$h(3) = g(f(3)) = g(1) = 3$$

Regel 39   Gleichmächtige Mengen

A und B seien Mengen. A und B heißen gleichmächtig, wenn es eine bijektive Abbildung von A auf B gibt. Die Mächtigkeit einer Menge M wird mit card (M) bezeichnet.

Beispiele

(1) bijektive Abbildung

Es gibt eine bijektive Abbildung $\mathbb{N}_0 \xrightarrow{\;f\;} \mathbb{Z}$.

Beweis:

Durch die Vorschrift $f(2n+1) = n$ für alle $n \in \mathbb{N}_0$

$\qquad\qquad\qquad\qquad f(2n) = -n -1$ für alle $n \in \mathbb{N}_0$

wird eine bijektive Abbildung von $\mathbb{N}_0$ auf $\mathbb{Z}$ definiert.

(2) lineare Kostenfunktion

Eine Kostenfunktion habe die Gleichung
$\qquad f(x) = 100 + 2x$ für $0 \le x \le 50$.

(a) Wie hoch sind die Fixkosten?
(b) Die Menge x wachse um eine Einheit an. Um wieviel Einheiten wächst die Kostenfunktion?
(c) Beweisen Sie, dass die Funktion bijektiv von $[0, 50]$ auf $[100, 200]$ ist.
(d) Warum sind die Mengen $[0, 50]$ und $[100, 200]$ gleichmächtig?

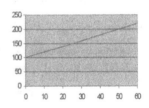

Lösung:

(a) Die Fixkosten liegen bei 100 Geldeinheiten.
(b) Bei Zuwachs um eine Mengeneinheit wächst die Kostenfunktion um zwei Geldeinheiten.
(c) f ist injektiv: $100 + 2x = 100 + 2x' \Rightarrow x = x'$
   f ist surjektiv: $y_0 \in [100, 200] \Rightarrow y_0 = 100 + 2x_0$ mit $x_0 \in [0, 50]$
(d) Nach (c) gibt es eine bijektive Abbildung von $[0, 50]$ auf $[100, 200]$; nach Regel 39 sind die Mengen gleichmächtig.

5. Gruppen, Körper und komplexe Zahlen

Körper sind bestimmte algebraische Strukturen, die den Begriff *Gruppe* zugrunde legen. Die Menge der reellen Zahlen mit den Operationen + und · stellt z.B. einen Körper dar, die Menge der komplexen Zahlen ebenfalls. Dieser Körper enthält die Lösungen der quadratischen Gleichung $x^2 = -1$. Wir werden sehen, dass die ganzen Zahlen keinen Körper darstellen. In den folgenden Kapiteln wird fast ausschließlich mit dem Körper der reellen Zahlen als Grundmenge gearbeitet.

5.1 Gruppen und Körper

Regel 40   Definition einer Gruppe

Eine Menge $(G, +)$ mit einer Verknüpfung + heißt Gruppe, wenn gilt:

(a) Assoziativgesetz
Für alle a, b, c ∈ G ist $$(a + b) + c = a + (b + c) \, .$$

(b) Existenz eines neutralen Elementes
Es gibt ein Element 0 ∈ G mit $\quad a + 0 = 0 + a = a$ für alle a ∈ G.

(c) Inverses Element
Zu jedem a ∈ G gibt es ein $(-a) \in G$ mit $\quad a + (-a) = (-a) + a = 0.$

Die Gruppe heißt kommutativ, falls $\quad a + b = b + a$ für alle a, b ∈ G
gilt.

Beispiel

Die Menge ($\mathbb{Z}$, +) ist eine kommutative Gruppe mit neutralem Element 0.

Regel 41   Definition eines Körpers

Eine Menge $(K, +, \cdot)$ mit den Operationen $+$ und $\cdot$ heißt Körper, falls gilt:

(a) $(K, +)$ ist eine kommutative Gruppe mit Nullelement 0.

(b) $(K - \{0\}, \cdot)$ ist eine kommutative Gruppe mit Einselement 1.

(c) Für alle $a, b, c \in K$ ist $a \cdot (b + c) = ab + ac$.

Man kann sich einen Körper vorstellen als eine Menge mit zwei Verknüpfungen, in der die Rechenarten Addition, Subtraktion, Multiplikation und Division durchführbar sind.

Beispiele

(1) $(\mathbb{Z}, +, \cdot)$ ist kein Körper.
Begründung: Die Zahl 2 besitzt bezüglich der Multiplikation in $\mathbb{Z}$ kein inverses Element!

(2) $(\mathbb{Q}, +, \cdot)$ ist ein Körper.

Beachten Sie, dass die Zahl 2 ein inverses Element in $\mathbb{Q}$ besitzt, nämlich $\dfrac{1}{2}$.

(3) $(\mathbb{R}, +, \cdot)$ ist ein Körper.

5.2 Komplexe Zahlen

Regel 42   Körper der komplexen Zahlen

Die Menge $C = \{a + bi \mid a,b \in \mathbb{R},\ i = \sqrt{-1}\}$ heißt
Menge der komplexen Zahlen. Sie bildet mit den
Verknüpfungen + und · einen Körper. Hierbei
lässt sich jede komplexe Zahl $z = a + bi$ als Punkt
der Ebene oder gerichteter Pfeil darstellen.

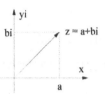

Regel 43   Definitionen

Es sei $z = a + bi \in \mathbb{C}$ eine komplexe Zahl. Man definiert:

(a) Realanteil von z: a
(b) Imaginäranteil von z: b
(c) Betrag von z: $|z| = \sqrt{a^2 + b^2}$

(d) Polarkoordinatendarstellung von z:
$z = r \cdot (\cos \alpha + i \sin \alpha)$; hierbei ist r der Betrag
der komplexen Zahl z und α der Winkel der
komplexen Zahl.

(e) Konjugiert komplexe Zahl zu z:
Die konjugiert komplexe Zahl $\bar{z} = a - bi$ entsteht
durch Spiegelung der komplexen Zahl z an der x-
Achse.

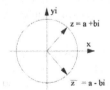

Beispiel

Für z = 2 + 2i gilt:

(a) Realanteil: 2

(b) Imaginäranteil: 2

(c) Betrag: $\sqrt{4+4} = \sqrt{8} = 2{,}828$

(d) Polarkoordinaten: $\sqrt{8} \cdot \left(\cos 45° + i \cdot \sin 45°\right)$

(e) konjugiert komplexe Zahl: 2-2i

Regel 44   Die Potenzen von i

Es ist

$$i = \sqrt{-1} \qquad i^2 = -1$$
$$i^3 = -i \qquad i^4 = 1$$

und $i^{4n+k} = i^k$ für n, k $\in \mathbb{N}_0$.

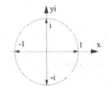

Beispiel

Es ist $i^{17} = i^{16+1} = i$.

Regel 45   Das Rechnen mit komplexen Zahlen

Es seien die folgenden komplexen Zahlen gegeben:
$z_1 = a_1 + b_1 i = r_1 \cdot \left(\cos\alpha_1 + i\sin\alpha_1\right)$ und $z_2 = a_2 + b_2 i = r_2 \cdot \left(\cos\alpha_2 + i\sin\alpha_2\right)$
Dann gelten die folgenden Rechenregeln:

(a) Addition: $z_1 + z_2 = a_1 + a_2 + \left(b_1 + b_2\right) \cdot i$
Zwei komplexe Zahlen werden addiert, indem
man ihre Realteile und Imaginärteile addiert.

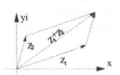

(b) Subtraktion: $z_1 - z_2 = a_1 - a_2 + (b_1 - b_2) \cdot i$

Zwei komplexe Zahlen werden subtrahiert, indem man ihre Realanteile und Imaginäranteile subtrahiert. Die komplexe Zahl $-z_2$ entsteht geometrisch durch Spiegelung der komplexen Zahl z_2 am Nullpunkt.

(c) Multiplikation:

$z_1 \cdot z_2 = r_1 \cdot r_2 \cdot [\cos(\alpha_1 + \alpha_2) + i \cdot \sin(\alpha_1 + \alpha_2)]$

Zwei komplexe Zahlen werden multipliziert, indem man ihre Beträge miteinander multipliziert und ihre Winkel addiert.

(d) Division:

$\dfrac{z_1}{z_2} = \dfrac{r_1}{r_2} \cdot [\cos(\alpha_1 - \alpha_2) + i \cdot \sin(\alpha_1 - \alpha_2)]$

Zwei komplexe Zahlen werden dividiert, indem man den Betrag der ersten Zahl durch den Betrag der zweiten Zahl dividiert und den Winkel der zweiten Zahl vom Winkel der ersten Zahl subtrahiert.

(e) Potenzieren:

$z_1^n = r_1^n \cdot (\cos n\alpha + i \cdot \sin n\alpha)$

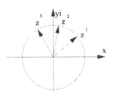

Eine komplexe Zahl wird potenziert, indem man den Betrag der komplexen Zahl potenziert und den Winkel mit n multipliziert.

Die Abbildung zeigt Potenzen am Einheitskreis.

Beispiel

Seien $z_1 = 1 + 2i$, $z_2 = 1 - 2i$, $z_3 = 2 \cdot (\cos 40° + i \cdot \sin 40°)$ und $z_4 = \cos 20° + i \cdot \sin 20°$ komplexe Zahlen.

(a) $z_1 + z_2 = 2$

(b) $z_1 - z_2 = 4i$

(c) $z_3 \cdot z_4 = 2 \cdot (\cos 60° + i \cdot \sin 60°)$

(d) $\dfrac{z_3}{z_4} = 2 \cdot (\cos 20° + i \cdot \sin 20°)$

Regel 46   Fundamentalsatz der Algebra

Eine Gleichung n-ten Grades in $\mathbb{C}$

$$a_0 + a_1 \cdot z + a_2 \cdot z^2 + \ldots + a_n \cdot z^n = 0$$

hat genau n komplexe Lösungen.

Beispiel

Die Gleichung $z^4 - 1 = 0$ hat die Lösungen 1, -1, i und –i.

6. Kaufmännisches Rechnen

Das kaufmännische Rechnen beinhaltet eine Reihe einzelner Kapitel wie *Dreisatz*, *Verteilungsrechnung*, *Zins-* und *Prozentrechnung* sowie das *Ratenrechnen*. Der Dreisatz ist ein elementares Rechenverfahren, welches in der täglichen Praxis gebraucht wird. Er zählt zur sogenannten Verhältnisrechnung. Bei der Verteilungsrechnung wird beispielsweise ein Erbe nach einem bestimmten Verteilungsschlüssel auf mehrere Personen verteilt. Mit dem Begriff Prozent (vom Hundert) werden häufig Änderungen bei Preisen, Mieten usw. angegeben. Man sagt: Die Lebenshaltungskosten sind dieses Jahr um 5% gestiegen. Das Ratenrechnen hingegen findet seine Anwendung bei Warenkäufen mit Ratenzahlung. Wir kaufen eine Wohnungseinrichtung für 10.000 €, leisten eine Anzahlung und bezahlen den Rest in Raten.

6.1 Dreisatz

Regel 47   Einfacher Dreisatz mit geradem Verhältnis

Das *gerade Verhältnis* meint die auf- und absteigenden Entsprechungen

> je mehr   -   desto mehr
> je weniger   -   desto weniger.

Beispiel

Der Händler Bernd Ulrich Zweidar aus Sonthofen bietet 40 m Auslegeware zu 120 € an. Wieviel kosten 90 m?

Lösung:
40 m Auslegeware kosten 120 €.
90 m Auslegeware kosten x €.

$$x = \frac{120 \cdot 90}{40} = 270$$

90 m Auslegeware kosten entsprechend 270 €.

Regel 48   Einfacher Dreisatz mit ungeradem Verhältnis

Das *ungerade Verhältnis* meint die konträren Entsprechungen

je weniger	-	desto mehr
je mehr	-	desto weniger.

Beispiel

Für die Durchführung einer Tätigkeit benötigen 6 Arbeiter der Firma Heinz Treckstedt 12 Stunden. Aus Krankheitsgründen fallen drei Arbeiter aus. Wie lange brauchen die restlichen 3 Arbeiter?

Lösung:
6 Arbeiter brauchen 12 Stunden
3 Arbeiter brauchen x Stunden

$$x = \frac{12 \cdot 6}{3} = 24$$

Drei Arbeiter benötigen also 24 Stunden.

Regel 49   Der zusammengesetzte Dreisatz

Der *zusammengesetzte Dreisatz* kann mehrere gerade und ungerade Verhältnisse beinhalten, welche nach den Regeln 47 und 48 bearbeitet werden.

Beispiel

8 Techniker der Firma Heinz Treckstedt fertigen 20 Computer in 4 Tagen bei acht Stunden Arbeit am Tag. Wie viele Techniker sind einzusetzen, wenn 40 Computer in 6 Tagen bei sechzehnstündiger Arbeit am Tag herzustellen sind?

Lösung:

8 Techniker	20 Computer	in 4 Tagen	bei 8 Stunden Arbeit am Tag
x Techniker	40 Computer	in 6 Tagen	bei 16 Stunden Arbeit am Tag

$$x = \frac{8 \cdot 40 \cdot 4 \cdot 8}{20 \cdot 6 \cdot 16} = \frac{16}{3}$$

Es sind also 6 Techniker einzusetzen.

6.2 Verteilungsrechnung

Regel 50   Verteilung bei zwei Personen

Ein Betrag von K Euro wird auf die Personen A und B im Verhältnis n:m verteilt.

Verteilungsschlüssel

A erhält $\dfrac{n}{n+m}$ Teile

B erhält $\dfrac{m}{n+m}$ Teile

Anteil (in Euro)

$K \cdot \dfrac{n}{n+m}$

$K \cdot \dfrac{m}{n+m}$

Regel 51   Verteilung bei n Personen

Ein Betrag von K Euro ist auf die Personen $A_1, A_2, \ldots, A_n$ im Verhältnis $x_1 : x_2 : \ldots : x_n$ mit $s = x_1 + x_2 + \ldots + x_n$ zu verteilen.

Verteilungsschlüssel

A_1 erhält $\dfrac{x_1}{s}$ Teile

A_2 erhält $\dfrac{x_2}{s}$ Teile

A_n erhält $\dfrac{x_n}{s}$ Teile

Anteil (in Euro)

$K \cdot \dfrac{x_1}{s}$

$K \cdot \dfrac{x_2}{s}$

$K \cdot \dfrac{x_n}{s}$

Beispiele

(1) Ein Betrag von 12.000 € soll im Verhältnis 1:2:3 an die Personen A, B und C verteilt werden.

Lösung:

Anzahl der Teile:	6
Wert eines Teiles:	2.000 €
Verteilung:	A erhält 2.000 €
	B erhält 4.000 €
	C erhält 6.000 €

Die Verteilung wird also entsprechend obiger Liste durchgeführt.

(2) Ein Gesamtgewinn von 22.000 € wird unter den Personen A, B, C und D verteilt. A erhält vorweg 2.000 €, B 1.000 € und C und D je 500 €. Vom Restgewinn steht B das Doppelte von A, C 4.000 € mehr als A und D 2.000 € mehr als B zu. Wieviel erhält jeder?

Lösung:
Die Lösung erfolgt in drei Schritten:
- Emittlung des Restgewinnes
- Verteilung des Restgewinnes
- Verteilung des Gesamtgewinnes

Ermittlung des Restgewinnes:
Der Restgewinn liegt bei 22.000 € - 2.000 € - 1000 € -1.000 € = 18.000 €.

Verteilung des Restgewinnes (T=Teile) :

A erhält	1T
B erhält	2T
C erhält	1T + 4.000 €
D erhält	2T + 2.000 €

Also ist	6T + 6.000 € = 18.000 €
	6T = 12.000 €
	1T = 2.000 €

Die folgende Tabelle stellt die Gesamtgewinnverteilung dar:

Person	vorweg	Rest	Gesamt
A	2.000 €	2.000 €	4.000 €
B	1.000 €	4.000 €	5.000 €
C	500 €	6.000 €	6.500 €
D	500 €	6.000 €	6.500 €
Summe:	4.000 €	18.000 €	22.000 €

Tabelle 3: Gewinnverteilung unter vier Personen mit Vorleistung

6.3 Prozentrechnung

Regel 52   Prozentwert

Den Prozentsatz vom Grundwert nennt man Prozentwert:

$$\mathrm{Pr\,ozentwert} = \frac{\mathrm{Grundwert} \cdot \mathrm{Pr\,ozentsatz}}{100}$$

Beispiel

Prozentsatz 5%, Grundwert 2.000 € ergibt einen

$$\mathrm{Prozentwert} = \frac{2.000 \cdot 5}{100} = 100 \ .$$

Der Prozentwert liegt also bei 100 €.

Regel 53   Grundwert und Prozentsatz

Aus Regel 52 lässt sich ableiten:

$$\mathrm{Grundwert} = \frac{\mathrm{Pr\,ozentwert} \cdot 100}{\mathrm{Pr\,ozentsatz}}$$

$$\mathrm{Pr\,ozentsatz} = \frac{\mathrm{Pr\,ozentwert} \cdot 100}{\mathrm{Grundwert}}$$

Beispiel: Berechnung des Grundwertes

Prozentsatz 3%, Prozentwert 50 €. Berechnen Sie den Grundwert!

Lösung:

$$\mathrm{Grundwert} = \frac{50 \cdot 100}{3} = 1666,67$$

Der Grundwert beträgt also 1666,67 €.

Regel 54   Vermehrter und verminderter Wert

Beim vermehrten Wert ist ein Wert nach einer prozentualen Erhöhung gegeben, beim verminderten Wert ist ein Wert nach einer prozentualen Senkung gegeben.

Beispiel

Nach einer Preiserhöhung von 16% bietet der Händler Bernd Ulrich Zweidar eine Ware zu 280 € an. Berechnen Sie den Ursprungspreis.

Lösung:

280 = 116%
  x = 100%

$$x = \frac{280 \cdot 100}{116} = 241{,}38$$

Der Ursprungspreis war 241,38 €.

6.4 Zinsrechnung

Regel 55   Berechnung der Tage in der Zinsrechnung

Für die Berechnung der Tage in der kaufmännischen Zinsrechnung gilt:

(a) Der Tag, von dem aus gerechnet wird, zählt nicht mit.
(b) Jeder Monat wird mit dreißig Tagen gerechnet; der 31. eines Monats zählt nicht mit.
(c) Wird im Februar bis zum 28. oder 29. verzinst, so werden 28 oder 29 Tage für diesen Monat gerechnet.

Beispiel

Berechnen Sie die Tage (J = Jahr, M = Monat und T = Tag) :
(a) 2.1. bis 28.2.   (b) 4.3. bis 5.3. des nächsten Jahres

Lösung:
(a) 2.1. bis 28.2 = 1M + 26 T = 56 T
(b) 4.3. bis 5.3. des nächsten Jahres = 1J + 1 T = 361 T

Regel 56   Schreibweisen

In der kaufmännischen Zinsrechnung werden die folgenden Schreibweisen vereinbart:

Z = Zins   K = Kapital   t = Zeit   p = Zinsfuß

Regel 57   Berechnung des Zinses

Für die Berechnung des (einfachen) Zinses gilt die Formel:

$$Z = \frac{K \cdot p \cdot t}{100 \cdot 360}$$

Regel 58   Berechnung von Kapital, Zinsfuß und Zeit

Die Formeln für K, p und t lassen sich aus Regel 57 ableiten:

$$K = \frac{Z \cdot 100 \cdot 360}{p \cdot t} \qquad p = \frac{Z \cdot 100 \cdot 360}{K \cdot t} \qquad t = \frac{Z \cdot 100 \cdot 360}{K \cdot p}$$

Beispiel

Zur Finanzierung einer Ausbildung nehmen wir ein Darlehen von 20.000 € am 01.01.2000 auf. Am 01.01.2006 zahlen wir den Betrag inklusive 6% Zins zurück. Berechnen Sie die Höhe der Geamtrückzahlung!

Lösung:

Die Laufzeit der Schuld Beträgt 6 Jahre. Somit wird der Zins errechnet durch

$$Z = \frac{20.000 \cdot 6 \cdot 6 \cdot 360}{100 \cdot 360} = 7.200 \ .$$

Der Zins beträgt also 7.200 €, so dass die Gesamtrückzahlung bei 27.200 € liegt.

Regel 59   Zinszahlen

Eine Zinszahl # ist definiert durch $\qquad \# = \dfrac{\text{Kapital} \cdot \text{Tage}}{100} \ .$

Beispiel

Ein Kapital von 1.100 € wird 10 Tage verzinst. Wie hoch ist die Zinszahl?

Lösung:

$$\# = \frac{1100 \cdot 10}{100} = 110$$

Regel 60   Die Berechnung des Zinses mit Zinszahlen

Es ist

$$Z = \frac{K \cdot p \cdot t}{100 \cdot 360} = \frac{K \cdot t}{100} \cdot \frac{p}{360} = \# \cdot \frac{p}{360} \cdot$$

Zinszahlen eignen sich besonders dann zur Berechnung, wenn mehrere Beträge mit gleichem Prozentsatz zu unterschiedlichen Zeitpunkten zu verzinsen sind. Das Rechnen mit Zinszahlen liefert das gleiche Ergebnis wie die einfache Zinsformel.

Beispiel

Aus einem Automobilkauf schulden wir die folgenden Beträge:
1.000 € , fällig am 31.01., 2.000 € fällig am 15.02. , 3.000 € fällig am 15.05. Wie hoch ist die Gesamtforderung zum 30.06. einschließlich 6% Zinsen?

Lösung:

Wir fertigen eine Tabelle mit den relevanten Daten an und summieren die Zinszahlen:

	Forderung	Fälligkeit	Tage	Zinszahl
	1.000 €	31.01.	150	1.500
	2.000 €	15.02.	135	2.700
	3.000 €	15.05.	45	1.350
Summe:	6.000 €			5.550

Tabelle 4: Zinszahltabelle zu einem Automobilkauf

Wir erhalten $Z = \frac{5550 \cdot 6}{360} = 92,50.$

Der Zins liegt also bei 92,50 €, so dass die Gesamtforderung entsprechend 6092,50 € beträgt.

6.5 Ratenrechnung

Beim Ratenkauf sind folgende Daten gegeben:

(a) der Barpreis,
(b) die Anzahlung,
(c) die Ratenhöhe,
(d) die Ratenanzahl und der Zeitabstand zwischen den Raten,
(e) die Tage vom Kaufdatum bis zur ersten Ratenzahlung.

Im Folgenden wird von einer konstanten Ratenhöhe und einem konstanten Ratenabstand ausgegangen.

Beispiel

Wir kaufen am 25.08.02 ein Auto im Barwert von 10.000 € und leisten eine Anzahlung von 1.000 €. Den Rest zahlen wir in 9 Monatsraten zu je 1.025 €, die erste Rate nach 30 Tagen. Zeigen Sie, dass alle Daten eines Ratenkaufes gegeben sind!

Der mittlere Verfalltag ist derjenige Tag, an dem alle Raten bezahlt werden können, ohne dass ein Nachteil für Gläubiger oder Schuldner entsteht. Er wird berechnet durch:

$$mV = \text{Tag der ersten Ratenzahlung} + (\text{Anzahl Raten} - 1) \bullet \text{Ratenabstand} \bullet \frac{1}{2}$$

Beispiel

Berechnen Sie den mittleren Verfalltag zum Beispiel zu Regel 61!

Lösung:
$mV = 25.09.02 + (9-1)\cdot 15 = 25.09.02 + 120 = 25.01.2003$

Regel 63   Berechnung des Zinsfußes beim Ratenkauf

Für die Berechnung des Zinsfußes p gilt die Formel

$$p = \frac{Z \cdot 100 \cdot 360}{K \cdot t}.$$

Hierbei ist:

Z = Zins   K = Barpreis - Anzahlung

t = Tage vom Kaufdatum bis zum mittleren Verfalltag

Beispiel

Berechnen Sie nun den Zinsfuß zum Beispiel zu Regel 61!

Lösung:

Z = 1.000 + 9.225 -10.000 = 225   Der Zins entspricht 225 €.

K= 10.000 – 1.000 = 9.000   Das Kapital beträgt 9.000 €.

t = 25.08.02 bis 25.01.03 = 150   Die Tage liegen also bei 150.

$$p = \frac{225 \cdot 100 \cdot 360}{9.000 \cdot 150} = 6,0\%$$

Der Zinsfuß liegt also bei 6,0%.

6.6 Diskontieren von Wechseln

Regel 64 Rechnerische Daten beim Wechseldiskont

Um einen Wechsel diskontieren zu können, müssen folgende Daten bekannt sein:

(a) der Nennwert des Wechsels,
(b) der Verfalltag des Wechsels,
(c) der Ankaufstag des Wechsels durch die Bank,
(d) der Abrechnungssatz der Bank.

Beispiel

Der Großhändler Bernhard Stau reicht am 04.03.2004 einen Wechsel über 3.000 € bei seiner Bank mit Verfalltag 19.03.2004 ein. Der Abrechnungssatz der Bank liegt bei 8%. Zeigen Sie, dass alle Daten zum Berechnen eines Wechseldiskontes vorliegen!

Regel 65 Diskontberechnung

Der Diskont d wird berechnet für den Zeitraum vom Diskontierungstag bis zum Verfalltag des Wechsels. Er wird nach den Regeln der Zinsrechnung ermittelt.

$$d = \frac{K \cdot p \cdot t}{100 \cdot 360}$$

d = Diskont   K = Nennwert des Wechsels
p = Abrechnungssatz der Bank   t = Diskontierungstag bis Verfalltag

Regel 66 Barwert des Wechsels

Der Barwert des Wechsels (zum Ankaufstag der Bank) wird ermittelt durch
Barwert = Nennwert − Diskont.

Beispiel

Diskontieren Sie den Wechsel aus dem Beispiel zu Regel 64 und ermitteln Sie seinen Barwert zum 04.03.2004!

Lösung:
Es ist   K = 3.000 €   p= 8%   t = 15 T.

Hieraus folgt: $d = \dfrac{3.000 \cdot 8 \cdot 15}{100 \cdot 360} = 10$

Der Diskont liegt also bei 10 €, der Barwert des Wechsels am 04.03.2004 daher bei 2.990 €.

Regel 67   Der Mindestdiskont (Md)

Der Mindestdiskont ist derjenige Diskont, den eine Bank mindestens beim diskontieren eine Wechsels verlangt.

Beispiel

Die Bank diskontiere den Wechsel aus dem Beispiel zu Regel 64 nun mit 8% bei einem Mindestdiskont von 15 €. Berechnen Sie den Barwert des Wechsels zum 04.03.04!

Lösung:
Der Barwert des Wechsels am 04.03.04 liegt jetzt nur noch bei 2.985 €.

Regel 68   Die Mindestdiskontzahl (Mz)

Die Mindestdiskontzahl wird aus dem Mindestdiskont (Md) und dem Abrechnungssatz p der Bank abgeleitet.

$$Mz = \frac{Md \cdot 360}{p}$$

Beispiel

Die Mindestdiskontzahl im Beispiel zu Regel 66 liegt bei $Mz = \dfrac{15 \cdot 360}{8} = 675$.

6.7 Kalkulation des Warenhandelsbetriebes

Wer kalkuliert, führt eine Preisberechnung durch. Vom Einstandspreis ausgehend errechnet man einen Verkaufspreis und weist die einzelnen Größen der Kalkulation (Skonto, Handlungskosten etc.) exakt aus. Eine Vorwärtskalkulation meint eine Berechnung vom Einkaufspreis zum Bruttoverkaufspreis, eine Rückwärtskalkulation eine Berechnung vom Bruttoverkaufspreis zum Einkaufspreis. Bei einer Differenzkalkulation werden   Vorwärts- und Rückwärtskalkultion durchgeführt und so z.b. ein Handlungkosten- oder ein Gewinnzuschlag ermittelt.

Regel 69   Kalkulation des Bruttoverkaufspreises

Die Kalkulation des Bruttoverkaufspreises wird nach folgendem Schema durchgeführt:

Einkaufspreis
-Lieferrabatt v.H.
Zieleinkaufspreis
-Lieferskonto v. H.
Bareinkaufspreis
+Bezugskosten
Einstandspreis
+Handlungskostenzuschlag v.H.
Selbstkosten
+Gewinnzuschlag v.H.
Barverkaufspreis
+Kundenskonto i. H.
+Vertreterprovision i. H.
Zielverkaufspreis
+Kundenrabatt i. H.
Nettoverkaufspreis
+MwSt. v. H.
Bruttoverkaufspreis

Die Abkürzungen i. H. und v. H. bedeuten hierbei im und vom Hundert.

Beispiel

Dem Händler Gert Scholten aus Kaufbeuren wird eine Maschine zu 400 € Einstandspreis angeboten, Lieferrabatt 30% und Lieferskonto 3%. Die Bezugskosten liegen bei 8,40 €, der Handlungskostenzuschlag bei 20%. Wie hoch ist der Gewinnzuschlag in Euro und Prozent, wenn die Maschine einen Bruttoverkaufspreis von 500 € hat, mit 10% Kundenrabatt kalkuliert wird und die Mehrwertsteuer 19% beträgt?

Lösung:
Wir berechnen die Selbstkosten in einer Vorwärtskalkulation, den Zielverkaufspreis in einer Rückwärtskalkultion und dann den Gewinnzuschlag.

Emittlung der Selbstkosten:

Einkaufspreis	400,00 €
-Lieferrabatt 30% v. H.	120,00 €
Zielverkaufspreis	280,00 €
-Skonto 3% v. H.	8,40 €
Bareinkaufspreis	271,60 €
+Bezugskosten	8,40 €
Einstandspreis	280,00 €
+Handlungskostenzuschlag 20% v. H.	56,00 €
Selbstkosten	336,00 €

Die Selbstkosten liegen also bei 336,00 €.

Ermittlung des Bruttoverkaufspreises:

Bruttoverkaufspreis	500,00 €
-Mehrwertsteuer 19 %	79,83 €
Nettoverkaufspreis	420,17 €
-Kundenrabatt 10 % v. H.	42,02 €
Zielverkaufspreis	378,15 €

Der Zielverkaufspreis liegt also bei 378,15 €.

Wir erhalten jetzt den Gewinnzuschlag durch
Gewinnzuschlag = Zielverkaufspreis − Selbstkosten = 378,15 − 336,00 = 42,15 .

Der Gewinnzuschlag liegt also bei 42,15 € oder 12,54%.

Begründen Sie die Schritte in der Rückwärtsrechnung ausführlich durch einen Dreisatz!

7. Vektorräume

Der Begriff *Vektorraum* ist ein grundlegender Begriff aus der linearen Algebra; er setzt den Begriff Körper voraus. In diesem Kapitel werden die Definition eines K-Vektorraumes (also eines Vektorraumes über einem Körper K) durchgeführt und wesentliche Eigenschaften eines solchen Raumes erörtert. In den Beispielen wird dann überwiegend auf $\mathbb{R}$-Vektorräume Bezug genommen, das sind die Vektorräume über dem Körper der reellen Zahlen.

7.1 Vektorraum und Unterraum

Regel 70   Definition eines Vektorraumes

Sei K ein Körper und V eine Menge. V heißt K-Vektorraum (Vektorraum über dem Körper K), wenn es eine Abbildung $(K, V) \rightarrow V$ gibt und für alle $x, y \in V$ und $k, l \in K$ gilt:

(a) Die Gruppeneigenschaft von V
$(V, +)$ ist eine kommutative Gruppe.

(b) Das Assoziativgesetz
$k \cdot (l \cdot x) = (k \cdot l) \cdot x$

(c) Die Distributivgesetze
$(k + l) \cdot x = k \cdot x + l \cdot x$ und $l \cdot (x + y) = l \cdot x + l \cdot y$

(d) Die Multiplikation mit Einselement
$1 \cdot x = x$

Schreibweise: Für $k \cdot x$ schreibt man kurz kx.

Regel 71   Der Vektorraum $\mathbb{R}^n$

(a) Ein Vektor des $\mathbb{R}^n$ ist ein n-Tupel $(x_1, x_2, \ldots\ldots, x_n)$.

(b) Zwei Vektoren des $\mathbb{R}^n$

$$(r_1, r_2, \ldots\ldots, r_n) \text{ und } (s_1, s_2, \ldots\ldots, s_n)$$

werden komponentenweise addiert

$$(r_1, r_2, \ldots\ldots, r_n) + (s_1, s_2, \ldots\ldots, s_n) = (r_1 + s_1, r_2 + s_2, \ldots\ldots, r_n + s_n).$$

(c) Der Vektor $(r_1, r_2, \ldots\ldots, r_n)$ des $\mathbb{R}^n$ wird mit einem Skalar $k \in \mathbb{R}$ multipliziert durch

$$k(r_1, r_2, \ldots\ldots, r_n) = (kr_1, kr_2, \ldots\ldots, kr_n).$$

(d) Durch $\quad (0, 0, \ldots\ldots, 0)$ ist der Nullvektor des $\mathbb{R}^n$ definiert.

Bemerkung:

Für n = 2 erhält man den Vektorraum $\mathbb{R}^2$. Dieser Vektorraum kann als Ebene aufgefasst werden.

Für n = 3 erhält man den Vektorraum $\mathbb{R}^3$. Dieser Vektorraum kann als dreidimensionaler Raum aufgefasst werden.

Beispiel

(a) Der Vektor $(1, 1, \ldots\ldots, 1)$ ist ein Element des $\mathbb{R}^n$. Er besteht aus n Spalten.

(b) Es ist $(1, 1, \ldots\ldots, 1) + (1, 1, \ldots\ldots, 1) = (2, 2, \ldots\ldots, 2)$.

(c) Es ist $5 \cdot (1, 1, \ldots\ldots, 1) = (5, 5, \ldots\ldots 5)$.

Regel 72   Definition

Die Elemente eines Vektorraumes heißen Vektoren.

Regel 73   Definition eines Unterraumes

Sei V ein K-Vektorraum.

(a) U heißt Unterraum von V, wenn gilt:

$$U \text{ ist K-Vektorraum und } U \subseteq V.$$

(b) Sind U und W Unterräume von V, so definiert man den Vektorraum

$$S = U + W$$

durch

$$S = \left\{ k \cdot u + l \cdot w \,\middle|\, k, l \in K; u \in U, w \in W \right\}.$$

Beispiel

Sei $V = \mathbb{R}^2$.

(a) Dann ist $U = \left\{ r \cdot (1, 0) \,\middle|\, r \in \mathbb{R} \right\}$ ein Unterraum des Vektorraumes V. Begründen Sie das mit Regel 70!

(b) $W = \left\{ r \cdot (0, 1) \,\middle|\, r \in \mathbb{R} \right\}$ ist ebenfalls ein Unterraum des Vektorraumes V. Die Summe

$$S = U + W$$

bildet nun nach Regel 73 (b) erneut einen Vektorraum.

7.2 Linearkombinationen von Vektoren

Regel 74   Linearkombination von Vektoren

Sei V ein K-Vektorraum.

Sind $k_1, k_2, ..., k_n \in K$ und $x_1, x_2, ..., x_n \in V$, so nennt man den Vektor
$$x = k_1 x_1 + k_2 x_2 + ... + k_n x_n$$
eine Linearkombination der x_i $(i = 1, 2, ..., n)$.

Beispiel

Für $x_1 = (1, 0) \in \mathbb{R}^2$ und $x_2 = (0, 1) \in \mathbb{R}^2$ ist
$$x = 3 \cdot (1, 0) + 5 \cdot (0, 1) = (3, 0) + (0, 5) = (3, 5)$$
eine Linearkombination der Vektoren x_1 und x_2.

Regel 75   Summenschreibweise

In der Situation von Regel 74 schreibt man:
$$x = k_1 x_1 + k_2 x_2 + ... + k_n x_n = \sum_{i=1}^{n} k_i x_i$$

Regel 76   Lineare Unabhängigkeit und lineare Abhängigkeit von Vektoren

Sei V ein K-Vektorraum.

Die Vektoren $x_1, x_2, ..., x_n \in V$ heißen **linear unabhängig**, falls gilt:

Sind $k_1, k_2, ..., k_n \in K$ mit $0 = k_1 x_1 + k_2 x_2 + ... + k_n x_n$, so folgt
$$0 = k_1 = k_2 = ... = k_n .$$

Sind nicht alle k_i $(i = 1, 2, ..., n)$ in obiger Linearkombination gleich null, so heißen die Vektoren **linear abhängig**.

Beispiele

(1) Die Vektoren $(1, 0, 0)$ und $(0, 5, 0)$ des $\mathbb{R}^3$ sind linear unabhängig.

Begründung: Sind $k_1, k_2 \in \mathbb{R}$ mit $k_1 \cdot (1, 0, 0) + k_2 \cdot (0, 5, 0) = (0, 0, 0)$, so ist
$(k_1, 0, 0) + (0, 5k_2, 0) = (k_1, 5k_2, 0) = (0, 0, 0)$, also $k_1 = 0$ und $k_2 = 0$.

(2) Die Vektoren $(1, 1, 1)$ und $(5, 5, 5)$ des $\mathbb{R}^3$ sind linear abhängig.

Begründung: Es ist $5 \cdot (1, 1, 1) - 1 \cdot (5, 5, 5) = (0, 0, 0)$.

7.3 Erzeugendensysteme und Basen

Sei V ein K-Vektorraum.

Die Menge $E = \{\, x_1, x_2, ..., x_n \,\} \subseteq V$ heißt Erzeugendensystem von V, wenn gilt:
Ist $x \in V$, so existieren $k_1, k_2, ..., k_n \in K$ mit $x = k_1 x_1 + k_2 x_2 + ... + k_n x_n$.

Beispiel

Die Menge $\{(1, 0), (0, 1)\}$ ist ein Erzeugendensystem des $\mathbb{R}^2$. Denn für einen beliebigen Vektor $x = (r_1, r_2)$ des $\mathbb{R}^2$ gilt:

$$x = (r_1, r_2) = r_1 \cdot (1, 0) + r_2 \cdot (0, 1).$$

Die Menge $\{(1, 1)\}$ ist kein Erzeugendensystem des $\mathbb{R}^2$. Begründen Sie diese Aussage!

Sei V ein K-Vektorraum. Die Menge $B = \{x_1, x_2, ..., x_n\} \subseteq V$ heißt **Basis** des Vektorraumes V, falls gilt:
        B ist ein Erzeugendensystem von V und B ist linear unabhängig.

Beispiel

Bestimmen Sie eine Basis des $\mathbb{R}^3$ (über dem Körper $\mathbb{R}$).

Lösung:
Die Vektoren der Menge $\{(1, 0, 0), (0, 1, 0), (0, 0, 1)\}$ sind linear unabhängig und bilden ein Erzeugendensystem. Daher ist diese Menge eine Basis des $\mathbb{R}^3$.

Regel 79   Einheitsvektoren

Sei $V = \mathbb{R}^n$. Die Vektoren
$$\left(1, 0, 0, \ldots, 0, 0, 0\right)$$
$$\left(0, 1, 0, \ldots, 0, 0, 0\right)$$

$$\left(0, 0, 0, \ldots, 0, 0, 1\right)$$

heißen Einheitsvektoren des $\mathbb{R}^n$.

Regel 80   Natürliche Basis des $\mathbb{R}^n$

Die Vektoren aus Regel 79 bilden die natürliche Basis des $\mathbb{R}^n$.

Regel 81   Endlichdimensionale Vektorräume

Sei V ein K-Vektorraum und B eine Basis von V. V heißt endlichdimensional, falls B eine endliche Menge ist. Die Anzahl der Elemente von B ist eindeutig bestimmt; man nennt sie Dimension des Vektorraumes.

Bemerkung: Nach Regel 80 hat der Vektorraum $\mathbb{R}^n$ die Dimension n.

Regel 82   Basen endlichdimensionaler Vektorräume

Sei V ein endlichdimensionaler K-Vektorraum und B und B' Basen von V. Nach Regel 81 gilt: Die Mengen B und B' sind gleichmächtig. Insbesondere haben B und B' die gleiche Anzahl von Elementen, sodass es eine bijektive Abbildung von B auf B' gibt.

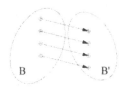

Regel 83   Unendlichdimensionale Vektorräume

Ein Vektorraum, der keine endliche Basis hat, heißt unendlichdimensional.

8. Lineare Abbildungen

In diesem Kapitel werden *lineare Abbildungen* eines Vektorraumes V in einen Vektorraum W vorgestellt. Es wird gezeigt, dass eine lineare Abbildung eindeutig definiert ist durch die Bilder der Basis eines Vektorraumes.

8.1 Definition linearer Abbildungen

Regel 84   Definition einer linearen Abbildung

Sei K ein Körper, V und W K-Vektorräume. Eine Abbildung $\alpha : V \to W$ heißt K-linear, falls gilt:

(a) $\alpha(x + y) = \alpha x + \alpha y$ für alle $x, y \in V$
(b) $\alpha(kx) = k(\alpha x)$ für alle $k \in K, x \in V$

Bemerkung: Das Bild des Summenvektors $x + y$ unter α ist gleich der Summe der Bilder $\alpha(x)$ und $\alpha(y)$; das Bild des k – fachen des Vektors x unter α entspricht dem k – fachen des Bildes von x.

Beispiele linearer Abbildungen

In den folgenden 3 Beispielen wird jeweils eine Abbildung $\alpha : \mathbb{R}^2 \to \mathbb{R}^2$ betrachtet.

(1) Die Identität wird definiert durch $\alpha(x) = x$ für alle $x \in \mathbb{R}^2$.

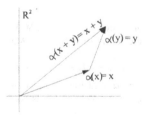

Dies bedeutet, das jeder Vektor genau auf sich selbst abgebildet wird. Es gilt:

$$\alpha(x + y) = x + y = \alpha(x) + \alpha(y)$$

und

$$\alpha(k \cdot x) = k \cdot x = k \cdot \alpha(x)$$

Somit ist die Identität eine lineare Abbildung.

(2) Die **Streckung** mit einem Skalar $s \neq 0$ wird definiert durch $\alpha(x) = s \cdot x$ für alle $x \in \mathbb{R}^2$. Es gilt:

$$\alpha(x+y) = s \cdot (x+y) = s \cdot x + s \cdot y = \alpha(x) + \alpha(y)$$

und

$$\alpha(k \cdot x) = s \cdot (k \cdot x) = k \cdot s \cdot x = k \cdot \alpha(x)$$

Die Streckung ist gleichfalls eine lineare Abbildung.

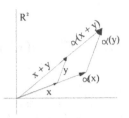

(3) Die **Spiegelung an der x – Achse** wird für einen Vektor $x = (x_1, x_2)$ definiert durch

$\alpha(x) = \alpha(x_1, x_2) = (x_1, -x_2)$ für alle $x \in \mathbb{R}^2$. Es gilt mit

$y = (y_1, y_2) \in \mathbb{R}^2$:

$$\begin{aligned}\alpha(x+y) &= \alpha((x_1, x_2) + (y_1, y_2)) \\ &= \alpha(x_1 + y_1, x_2 + y_2) \\ &= (x_1 + y_1, -x_2 - y_2) \\ &= (x_1, -x_2) + (y_1, -y_2) \\ &= \alpha(x) + \alpha(y)\end{aligned}$$

und

$$\begin{aligned}\alpha(k \cdot x) &= \alpha(k \cdot (x_1, x_2)) = \alpha(k \cdot x_1, k \cdot x_2) \\ &= (k \cdot x_1, -k \cdot x_2) = k \cdot \alpha(x)\end{aligned}$$

Die Spiegelung an der x-Achse ist folglich eine lineare Abbildung.

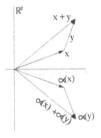

Regel 85   Kern und Bild einer linearen Abbildung

Sei K ein Körper, V und W Vektorräume über dem Körper K und $\alpha : V \to W$ eine K-lineare Abbildung. Man definiert:

(a) Kern $\alpha = \{x \in V \mid \alpha(x) = 0\}$ (b) Bild $\alpha = \{\alpha(x) \mid x \in V\}$

Kern α und Bild α sind Unterräume von V bzw. W. Hierbei ist 0 der Nullvektor des Vektorraumes W.

Beispiel

Sei K = $\mathbb{R}$ und $\alpha : \mathbb{R} \to \mathbb{R}$ definiert durch $\alpha(x) = 2 \cdot x$ für alle $x \in \mathbb{R}$. Dann gilt:

(a) Kern $\alpha = \{x \in \mathbb{R} \mid \alpha(x) = 0 \} = \{x \in \mathbb{R} \mid 2x = 0 \} = \{0\}$

(b) Bild $\alpha = \{\alpha(x) \mid x \in \mathbb{R} \} = \{2x \mid x \in \mathbb{R} \} = \mathbb{R}$

Regel 86 Dimensionsregel

Sei K ein Körper, V und W Vektorräume über dem Körper K und $\alpha : V \to W$ eine K-lineare Abbildung. Dann gilt:

$$\dim \text{Kern } \alpha + \dim \text{Bild } \alpha = \dim V$$

Regel 87 Monomorphismus, Epimorphismus und Isomorphismus

Sei K ein Körper, V und W Vektorräume über dem Körper K und $\alpha : V \to W$ eine K-lineare Abbildung. Man definiert:

(a) Monomorphismus: Gilt Kern $\alpha = \{0\}$, so heißt α Monomorphismus. Ein Monomorphismus ist stets injektiv.

(b) Epimorphismus: Gilt Bild $\alpha = W$, so heißt α Epimorphismus. Ein Epimorphismus ist stets surjektiv.

(c) Isomorphismus: Gilt Kern $\alpha = 0$ und Bild $\alpha = W$, so heißt α Isomorphismus. Ein Isomorphismus ist stets injektiv und surjektiv.

Beispiel

Sei K = ℝ und $\alpha : \mathbb{R}^3 \to \mathbb{R}^3$ mit $\alpha(x) = \frac{1}{2} \cdot x$ für alle $x \in \mathbb{R}^3$. Dann gilt:

(a)) Kern $\alpha = \{x \in \mathbb{R}^3 \mid \alpha(x) = 0 \} = \{x \in \mathbb{R}^3 \mid \frac{1}{2} x = 0 \} = \{0\}$. Die Abbildung α ist folglich ein Monomorphismus.

(b) Bild $\alpha = \{\alpha(x) \mid x \in \mathbb{R}^3 \} = \{\frac{1}{2} \cdot x \mid x \in \mathbb{R}^3 \} = \mathbb{R}^3$. Somit ist die Abbildung α ein Epimorphismus.

(c) Aus (a) und (b) folgt, das α ein Isomorphismus ist.

8.2 Lineare Abbildungen und Basen

Regel 88 Definition einer linearen Abbildung durch die Bilder der Basis

Sei K ein Körper, V und W K-Vektorräume und $B = \{b_1, b_2, ..., b_n\}$ eine Basis von V. Dann ist jede lineare Abbildung $\alpha : V \to W$ eindeutig durch die Bilder $\alpha(b_i)$ für i = 1, 2,..., n definiert.

Beweis: Sei $x \in V$. Dann ist x nach Regel 78 eine Linearkombination der Basiselemente, also

$$x = k_1 b_1 + k_2 b_2 + ... + k_n b_n \text{ mit } k_i \in K \text{ für } i = 1, 2,..., n.$$

Somit ist

$$\alpha(x) = \alpha(k_1 b_1) + \alpha(k_2 b_2) + ... + \alpha(k_n b_n) = k_1(\alpha b_1) + k_2 \alpha(b_2) + ... + k_n \alpha(b_n),$$

in Summenschreibweise:

$$\alpha(x) = \sum_{i=1}^{n} k_i (\alpha b_i)$$

Regel 89 Lineare Abbildungen des $\mathbb{R}^n$

Jede lineare Abbildung des $\mathbb{R}^n$ in einen beliebigen Vektorraum ist nach Regel 88 eindeutig definiert durch die Bilder der folgenden n Vektoren:

$$(1, 0, 0, ..., 0)$$
$$(0, 1, 0, ..., 0)$$

$$(0, 0, 0, ..., 1)$$

Regel 90   Eigenwerte linearer Abbildungen

Sei K ein Körper, V ein Vektorraum über dem Körper K und $\alpha : V \to V$ eine K-lineare Abbildung.

(a) $\lambda \in K$ heißt **Eigenwert** von α, falls $\alpha(x) = \lambda x$ für ein $x \in V$, $x \neq 0$ gilt.

(b) Ist $\alpha(x) = \lambda x$ mit $x \neq 0$, so nennt man x einen **Eigenvektor**.

Beispiele

(1) Sei K = $\mathbb{R}$ und $\alpha : \mathbb{R}^3 \to \mathbb{R}^3$ mit $\alpha(x) = \frac{1}{2} \cdot x$ für alle $x \in \mathbb{R}^3$. Dann gilt:

λ Eigenwert von $\alpha \Leftrightarrow \alpha(x) = \lambda \cdot x = \frac{1}{2} \cdot x$ für ein $x \neq 0 \Leftrightarrow \lambda = \frac{1}{2}$. Die lineare Abbildung α besitzt also genau den Eigenwert $\lambda = \frac{1}{2}$. Man beachte, dass 0 nicht Eigenwert von α ist, denn aus $\alpha(x) = \frac{1}{2} \cdot x = 0$ folgt x = 0.

(2) Sei K = $\mathbb{R}$ und $\alpha : \mathbb{R}^3 \to \mathbb{R}^3$ mit $\alpha(x) = 0$ für alle $x \in \mathbb{R}^3$. Dann gilt:

λ Eigenwert von $\alpha \Leftrightarrow \alpha(x) = \lambda \cdot x = 0$ für ein $x \neq 0 \Leftrightarrow \lambda = 0$. Die lineare Abbildung α besitzt also genau den Eigenwert $\lambda = 0$.

9. Matrizen

Unter einer $(m \cdot n)$ - Matrix versteht man zunächst nichts anderes als ein Schema von $(m \cdot n)$ Zahlen, welche in m Zeilen und n Spalten angeordnet sind. Der Begriff Matrix steht in engem Zusammenhang zu linearen Abbildungen und linearen Gleichungssystemen (siehe Kapitel 8 und 11). Die *Matrizentheorie* ist eine der Grundsäulen der mathematischen Ökonomie.

9.1 Matrizendefinition und Matrizenverknüpfungen

Regel 91   Definition einer Matrix

Sei K ein Körper. Ein Schema von $(m \cdot n)$ Elementen

$$\begin{pmatrix} a_{11} & a_{12} & \cdots & a_{1n} \\ a_{21} & a_{22} & \cdots & a_{2n} \\ & & & \\ a_{m1} & a_{m2} & \cdots & a_{mn} \end{pmatrix}$$

heißt Matrix vom Typ $(m \cdot n)$ über dem Körper K. Hierbei ist also $a_{ij} \in K$ für alle i = 1, 2,…, m; j = 1, 2,…, n.

Beispiel

Das Schema $\begin{pmatrix} 1 & 1 & 1 \\ 1 & 1 & 1 \\ 1 & 1 & 1 \end{pmatrix}$ ist eine Matrix vom Typ $(3 \cdot 3)$.

Regel 92   Quadratische Matrix

Ist m = n, so heißt die Matrix quadratisch.

Regel 93   Zeilen- und Spaltenvektor

Eine $(1 \cdot n)$ - Matrix nennt man Zeilenvektor, eine $(n \cdot 1)$ - Matrix nennt man Spaltenvektor.

Beispiel

Der Bedarf eines Haushaltes an Strom und Wasser werde gegeben durch

m_1 = benötigter Strom im Monat

m_2 = benötigtes Wasser im Monat.

Dann ist

$\begin{pmatrix} m_1 \\ m_2 \end{pmatrix}$ der entsprechende Spaltenvektor, $(m_1 \ m_2)$ der entsprechende Zeilenvektor.

Regel 94   Addition von 2 Matrizen

Sei K ein Körper und A und B $(m \cdot n)$ - Matrizen über K. Dann definiert man die Summe der Matrizen C = A + B durch

$$\left(c_{ij}\right) = \left(a_{ij}\right) + \left(b_{ij}\right) = \left(a_{ij} + b_{ij}\right)$$

für alle i = 1, 2,..., m; j = 1, 2..., n.

Bemerkung: Die Addition der Matrizen A und B ist nur durchführbar, wenn die Anzahl der Zeilen von A gleich der Anzahl der Zeilen von B ist und die Anzahl der Spalten von A gleich der Anzahl der Spalten von B.

Beispiel

Bilden Sie die Summe der Matrizen $A = \begin{pmatrix} 1 & 2 \\ 3 & 4 \end{pmatrix}$ und $B = \begin{pmatrix} 0 & 2 \\ 1 & 5 \end{pmatrix}$.

Lösung:

Es ist $C = A + B = \begin{pmatrix} 1 & 4 \\ 4 & 9 \end{pmatrix}$.

Regel 95   Multiplikation einer Matrix mit einem Skalar

Sei K ein Körper und A eine $(m \cdot n)$ - Matrix über K. Dann definiert man das Produkt der Matrix A mit $k \in K$ durch:

$$k \cdot A = k \cdot (a_{ij}) = (k \cdot a_{ij}) \text{ für alle } i = 1, 2, ..., m; j = 1, 2, ..., n$$

Beispiel: Bedarfsvektoren

In einer Hausgemeinschaft wohnen 4 Mieter. Der Bedarf des 1. Mieters an Wasser und Strom sei gegeben durch den Bedarfsvektor $\begin{pmatrix} m_1 \\ m_2 \end{pmatrix}$. Hierbei ist m_1 der Wasserbedarf, m_2 der Strombedarf. Der 2. Mieter verbraucht das 1,1-fache des ersten, der dritte Mieter das 1,2-fache des ersten. Der Bedarf des 4. Mieters an Strom ist genauso hoch wie der des ersten Mieters, sein Bedarf an Wasser liegt beim Doppelten des ersten Mieters. Ermitteln Sie den Gesamtbedarfsvektor $\begin{pmatrix} g_1 \\ g_2 \end{pmatrix}$!

Lösung: $\begin{pmatrix} g_1 \\ g_2 \end{pmatrix} = \begin{pmatrix} m_1 \\ m_2 \end{pmatrix} + \begin{pmatrix} 1,1 \cdot m_1 \\ 1,1 \cdot m_2 \end{pmatrix} + \begin{pmatrix} 1,2 \cdot m_1 \\ 1,2 \cdot m_2 \end{pmatrix} + \begin{pmatrix} 2 \cdot m_1 \\ m_2 \end{pmatrix} = \begin{pmatrix} 5,3 \cdot m_1 \\ 4,3 \cdot m_2 \end{pmatrix}$

Regel 96   Multiplikation von zwei Matrizen

Sei K ein Körper, A eine $(m \cdot n)$ - Matrix über K und B eine $(n \cdot l)$ - Matrix über K. Dann ist $C = A \cdot B$ eine $(m \cdot l)$ - Matrix und es gilt:

$$c_{ij} = a_{i1} \cdot b_{1j} + a_{i2} \cdot b_{2j} + ... + a_{in} \cdot b_{nj} \qquad \text{für alle } i = 1, 2, ..., m; j = 1, 2, ..., l.$$

Bemerkung: Die Multiplikation der Matrizen A und B ist nur dann durchführbar, wenn die Anzahl der Spalten von A gleich der Anzahl der Zeilen von B ist!

Beispiel

Bilden Sie das Produkte der Matrizen $A = \begin{pmatrix} 1 & 2 \\ 3 & 4 \end{pmatrix}$ und $B = \begin{pmatrix} 0 & 2 \\ 1 & 5 \end{pmatrix}$.

Lösung: Es ist $C = A \cdot B = \begin{pmatrix} 1 & 2 \\ 3 & 4 \end{pmatrix} \cdot \begin{pmatrix} 0 & 2 \\ 1 & 5 \end{pmatrix} = \begin{pmatrix} 2 & 12 \\ 4 & 26 \end{pmatrix}$.

9.2 Spezielle Matrizen

Regel 97   Einheitsmatrix, Nullmatrix und transponierte Matrix

(a) Einheitsmatrix E:
Ist $E = (e_{ij})$ eine $(n \cdot n)$ – Matrix und gilt $e_{11} = e_{22} = \ldots = e_{nn} = 1$ und $e_{ij} = 0$
für alle $i \neq j$, so nennt man E Einheitsmatrix.

(b) Nullmatrix A:
Ist A eine $(m \cdot n)$ – Matrix und gilt $a_{ij} = 0$ für alle i und j, so nennt
man A Nullmatrix.

(c) Transponierte Matrix:
Vertauscht man bei einer $(m \cdot n)$ – Matrix A Zeilen und Spalten, so erhält man
eine $(n \cdot m)$ – Matrix A^T, welche man als transponierte Matrix bezeichnet.

Regel 98   Rechenregeln für Matrizen

(a) A, B und C seien $(m \cdot n)$ – Matrizen über dem Körper K. Sind $k, l \in K$, so
gelten die folgenden Rechenregeln:

Kommutativgesetz:	$A + B = B + A$
Assoziativgesetze:	$(A + B) + C = A + (B + C)$
	$(k \cdot l) \cdot A = k \cdot (l \cdot A)$
Distributivgesetze:	$(k + l) \cdot A = k \cdot A + l \cdot A$
	$k \cdot (A + B) = k \cdot A + k \cdot B$
für transponierte Matrizen gilt:	$(A + B)^T = A^T + B^T$
	$(k \cdot A)^T = k \cdot A^T$.
	$(A^T)^T = A$

(b) Sind die Rechenoperationen unter den Matrizen A, B und C durchführbar,
so gelten die folgenden Regeln:

$(A \cdot B) \cdot C = A \cdot (B \cdot C)$ $(A + B) \cdot C = A \cdot C + B \cdot C$

$C \cdot (A + B) = C \cdot A + C \cdot B$ $(A \cdot B)^T = B^T \cdot A^T$

9.3 Spur, Ordnung und Rang einer Matrix

Regel 99   Weitere Regeln

Es sei $A = (a_{ij})$ eine $(n \cdot n)$ - Matrix über dem Körper K. Man definiert:

(a) Ordnung: Die Zahl der Zeilen oder Spalten einer quadratischen
                         Matrix A heißt Ordnung von A.

(b) Hauptdiagonale: Die Elemente der Hauptdiagonale einer quadratischen
                         Matrix A sind $a_{11}, a_{22}, \ldots, a_{nn}$.

(c) Spur: Die Summe $\sum\limits_{i=1}^{n} a_{ii}$ nennt man die Spur der qua-   dra-
                         tischen Matrix A.

(d) Inverse Matrix: Ist $A \cdot B = E$, so gilt $B \cdot A = E$ und man schreibt
                         $B = A^{-1}$. Man nennt B die inverse Matrix zu A.

Beispiel

Gegeben sei die Matrix $A = \begin{pmatrix} 1 & 1 \\ 0 & 1 \end{pmatrix}$ über dem Körper der reellen Zahlen.

(a) Ordnung von A: 2

(b) Hauptdiagonale von A: Besteht aus den Elementen 1, 1.

(c) Spur von A: $1 + 1 = 2$

(d) Inverse Matrix zu A: Zu lösen ist die Gleichung

$$\begin{pmatrix} 1 & 1 \\ 0 & 1 \end{pmatrix} \cdot \begin{pmatrix} a & b \\ c & d \end{pmatrix} = \begin{pmatrix} 1 & 0 \\ 0 & 1 \end{pmatrix}.$$

Man erhält hieraus die 4 Gleichungen:

1.) $a + c = 1$ 2.) $b + d = 0$ 3.) $c = 0$ 4.) $d = 1$

Also ist $a = 1$ $b = -1$ $c = 0$ $d = 1$.

Die inverse Matrix zu A lautet somit

$$A^{-1} = \begin{pmatrix} 1 & -1 \\ 0 & 1 \end{pmatrix}.$$

Regel 100   Der Rang einer Matrix

Es sei A eine $(m \cdot n)$ – Matrix über dem Körper K. Dann definiert man den Rang der Matrix A, in Zeichen rang (A), als die maximale Anzahl linear unabhängiger Zeilenvektoren.

Beispiel

Sei $\mathbb{R}$ der Körper der reellen Zahlen und $A = \begin{pmatrix} 1 & 1 & 1 \\ 1 & 1 & 0 \\ 1 & 0 & 0 \end{pmatrix}$. Dann hat A den Rang 3.

Begründung:
Man beweist, dass die Zeilenvektoren der Matrix A linear unabhängig sind. Sind a, b, $c \in \mathbb{R}$ mit

$$a \cdot (1, 1, 1) + b \cdot (1, 1, 0) + c \cdot (1, 0, 0) = (0, 0, 0),$$

so ist

$$(a, a, a) + (b, b, 0) + (c, 0, 0) = (0, 0, 0) .$$

Hieraus folgt unmittelbar $a = b = c = 0$. Somit hat die Matrix A den Rang 3.

Regel 101   Die $(m \cdot n)$ - Matrizen als Vektorraum über $\mathbb{R}$

Sei $\mathbb{R}$ der Körper der reellen Zahlen und V die Menge der $(m \cdot n)$ - Matrizen über $\mathbb{R}$. Dann ist V mit den Verknüpfungen aus Regel 94 und 95 ein Vektorraum.

10. Determinanten

Der Begriff *Determinante* wurde im 17. Jahrhundert von dem Mathematiker Leibniz geprägt. Er ähnelt dem Begriff der Matrix; Determinanten werden durch ein Schema von n Zeilen und n Spalten dargestellt, in denen $n \cdot n$ Elemente eines Körpers K angeordnet sind; im Gegensatz zur Matrix repräsentiert die Determinante jedoch ein bestimmtes Element des Körpers K. Die Lösung linearer Gleichungssysteme, wie sie in zahlreichen Anwendungen von Technik und Ökonomie erscheinen, erfolgt häufig über Determinanten. Es gibt jedoch leider kein einheitliches Verfahren zur Determinantenberechnung, welches immer anwendbar <u>und</u> praktisch durchführbar ist. Vielmehr wird man mit einer Reihe Tricks arbeiten, um Determinanten schnell zu berechnen.

10.1 Determinanten zweiter und dritter Ordnung

Regel 102 Determinante zweiter Ordnung

Ist K ein Körper mit $a_{ij} \in K$ für i, j = 1, 2, so ist $D = \begin{vmatrix} a_{11} & a_{12} \\ a_{21} & a_{22} \end{vmatrix} = a_{11}a_{22} - a_{12}a_{21}$

eine Determinante zweiter Ordnung. Hierbei ist $D \in K$. Eine Determinante 2. Ordnung hängt von 4 Elementen ab.

Beispiel

(a) Es sei K der Körper der reellen Zahlen. Dann ist $\begin{vmatrix} 3 & 4 \\ 2 & 1 \end{vmatrix} = 3 \cdot 1 - 4 \cdot 2 = -5$.

(b) Nun sei K ein beliebiger Körper und a, b, c, d $\in$ K.

Dann ist $\begin{vmatrix} a & b \\ c & d \end{vmatrix}$ = ad-bc.

Regel 103 Determinante dritter Ordnung

Ist K ein Körper mit $a_{ij} \in K$ für i, j = 1, 2, 3 , so ist $D = \begin{vmatrix} a_{11} & a_{12} & a_{13} \\ a_{21} & a_{22} & a_{23} \\ a_{31} & a_{32} & a_{33} \end{vmatrix}$

eine Determinante dritter Ordnung. Sie hängt von 9 Elementen ab. Die Determinante dritter Ordnung wird berechnet durch:

$$D = a_{11} \begin{vmatrix} a_{22} & a_{23} \\ a_{32} & a_{33} \end{vmatrix} - a_{12} \begin{vmatrix} a_{21} & a_{23} \\ a_{31} & a_{33} \end{vmatrix} + a_{13} \begin{vmatrix} a_{21} & a_{22} \\ a_{31} & a_{32} \end{vmatrix} = a_{11}D_{11} - a_{12}D_{12} + a_{13}D_{13}.$$ Hierbei

sind D_{11}, D_{12}, D_{13} die entsprechenden zweireihigen Unterdeterminanten.

Beispiel

Es sei K der Körper der reellen Zahlen. Berechnen Sie $\begin{vmatrix} 1 & 1 & 1 \\ 1 & 1 & 1 \\ 1 & 1 & 1 \end{vmatrix}$.

Lösung:

Es ist $\begin{vmatrix} 1 & 1 & 1 \\ 1 & 1 & 1 \\ 1 & 1 & 1 \end{vmatrix} = 1 \cdot \begin{vmatrix} 1 & 1 \\ 1 & 1 \end{vmatrix} - 1 \cdot \begin{vmatrix} 1 & 1 \\ 1 & 1 \end{vmatrix} + 1 \cdot \begin{vmatrix} 1 & 1 \\ 1 & 1 \end{vmatrix} = 1 \cdot 0 - 1 \cdot 0 + 1 \cdot 0 = 0$.

10.2 Determinanten n-ter Ordnung

Regel 104   Determinante n-ter Ordnung (Entwicklungssatz)

Ist K ein Körper mit $a_{ij} \in K$ für i, j = 1, 2,..., n, so ist

$$D = \begin{vmatrix} a_{11} & a_{12} & \cdots\cdots & a_{1n} \\ a_{21} & a_{22} & \cdots\cdots & a_{2n} \\ & & & \\ a_{n1} & a_{n2} & \cdots\cdots & a_{nn} \end{vmatrix}$$

eine Determinante n-ter Ordnung.

Bezeichnet man mit D_{1j} (für j = 1, 2,..., n) diejenige Determinante, die durch Streichen der ersten Zeile und j-ten Spalte von D entsteht, so gilt:

(a) D_{1j} ist eine Determinante der Ordnung n-1.

(b) Es ist $D = a_{11}D_{11} - a_{12}D_{12} + \ldots \pm a_{1n}D_{1n}$. Hierbei ist das Vorzeichen von a_{1n} positiv, falls n ungerade ist; es ist negativ, falls n gerade ist.

Beispiel

Man beweise, dass die Determinante einer (n x n) – Matrix A der Form

$$\begin{pmatrix} a_{11} & 0 & 0 & 0 & 0 & 0 \\ a_{21} & a_{22} & 0 & 0 & 0 & 0 \\ a_{31} & a_{32} & a_{33} & 0 & 0 & 0 \\ & & & & & \\ a_{n1} & a_{n2} & a_{n3} & & & a_{nn} \end{pmatrix}$$

den Wert $\prod\limits_{i=1}^{n} a_{ii}$ hat.

Beweis:
Der Beweis erfolgt durch vollständige Induktion.

Induktionsanfang: n=2

Es ist $\begin{vmatrix} a_{11} & 0 \\ a_{21} & a_{22} \end{vmatrix} = a_{11} \cdot a_{22}$

Induktionsschluß: Die Aussage sei nun für n-1 richtig $(n \geq 3)$. Es ist zu beweisen, dass sie auch für den Wert n richtig ist.

Da die erste Zeile der Determinante höchstens einen Wert ungleich 0 besitzt (nämlich a_{11}), ist

$$\det(A) = a_{11} \cdot \det(A_{11}),$$

wobei $\det(A_{11})$ eine $(n-1)$ - reihige Unterdeterminante der oben beschriebenen Form ist. Also ist

$$\det(A_{11}) = \prod_{i=2}^{n} a_{ii} \, ;$$

hieraus folgt

$$\det(A) = a_{11} \cdot \det(A_{11}) = a_{11} \cdot \prod_{i=2}^{n} a_{ii} = \prod_{i=1}^{n} a_{ii} \, .$$

Regel 105   Rechenregeln für Determinanten n-ter Ordnung

Sei K ein Körper, $A = \left(a_{ij}\right)$ eine (n x n) - Matrix über K und $D = \left|a_{ij}\right|$ die zugehörige Determinante. Dann gelten die folgenden Rechenregeln:

(a) Besteht eine Zeile oder eine Spalte der Matrix A vollständig aus Nullen, so ist der Wert der Determinante Null.

(b) Sind zwei Zeilen oder zwei Spalten der Matrix A linear abhängig, so ist der Wert der Determinante gleich Null.

(c) Ist E die Einheitsmatrix, so ist der Wert der Determinante gleich 1.

(d) Sind A, B $(n \cdot n)$- Matrizen, so ist $\det(A \cdot B) = \det(A) \cdot \det(B)$.

(e) Besitzt die Matrix A die inverse Matrix A^{-1}, so ist
$$\det\left(A \cdot A^{-1}\right) = \det(A) \cdot \det\left(A^{-1}\right) = \det(E) = 1 \, .$$

(f) Es ist $\det(A) = \det\left(A^{T}\right)$.

Regel 106   Praktische Berechnung von Determinanten

Sei K ein Körper, $A = (a_{ij})$ eine $(n \cdot n)$– Matrix über K und $D = |a_{ij}|$ die zugehörige Determinante. Dann gelten die folgenden Regeln:

(a) Vertauscht man zwei Zeilen oder zwei Spalten von A, so wird der Wert der Determinante mit – 1 multipliziert.

(b) Addiert oder subtrahiert man eine Zeile der Matrix A zu/ von einer zweiten, so ändert sich der Wert der Determinante nicht. Addiert oder subtrahiert man eine Spalte von A zu/ von einer zweiten, bleibt das Ergebnis ebenfalls unverändert.

Beispiel

Berechnen Sie den Wert der Determinante $D = \begin{vmatrix} 2 & 4 & 6 \\ 1 & 2 & 3 \\ 3 & 5 & 7 \end{vmatrix}$!

Lösung:

Es ist $D = \begin{vmatrix} 2 & 4 & 6 \\ 1 & 2 & 3 \\ 3 & 5 & 7 \end{vmatrix} \xrightarrow{\;1\;} \begin{vmatrix} 0 & 0 & 0 \\ 1 & 2 & 3 \\ 3 & 5 & 7 \end{vmatrix} \xrightarrow{\;2\;} 0$.

Schritt 1: Das Doppelte der zweiten Zeile wird von der ersten Zeile abgezogen.
Schritt 2: Die erste Zeile besteht nur aus Nullen, der Wert der Determinante ist somit 0.

11. Lineare Gleichungssysteme

Im Folgenden werden stets *Gleichungssysteme* über dem Körper $\mathbb{R}$ betrachtet. In diesem Kapitel werden wir sehen, wie man ein lineares Gleichungssystem in Matrizenschreibweise darstellt. Von Interesse wird u.a. sein, wann ein solches Gleichungssystem genau eine und wann es unendlich viele Lösungen hat. Hierfür werden in diesem Kapitel Regeln und Beispiele angeführt.

11.1 Lineare Gleichungssysteme mit 2 Unbekannten

Regel 107 Lineare Gleichungssysteme
(2 Gleichungen mit 2 Unbekannten)

Das System von Gleichungen

$$a_{11}x_1 + a_{12}x_2 = y_1$$
$$a_{21}x_1 + a_{22}x_2 = y_2$$

ist ein lineares Gleichungssystem von 2 Gleichungen mit 2 Unbekannten. Hierbei setzen wir $a_{ij} \in \mathbb{R}$ für i, j = 1, 2 und $y_1, y_2 \in \mathbb{R}$ voraus. In Matrizenschreibweise erhält man:

Ax = y, wobei

$$A = \begin{pmatrix} a_{11} & a_{12} \\ a_{21} & a_{22} \end{pmatrix}, \ x = \begin{pmatrix} x_1 \\ x_2 \end{pmatrix} \ \text{und} \ y = \begin{pmatrix} y_1 \\ y_2 \end{pmatrix} \ \text{gilt.}$$

Beispiel

Das System von Gleichungen

$$x_1 + 2x_2 = 1$$
$$x_1 + 4x_2 = 2$$

lautet in Matrizenschreibweise: $\begin{pmatrix} 1 & 2 \\ 1 & 4 \end{pmatrix} \cdot \begin{pmatrix} x_1 \\ x_2 \end{pmatrix} = \begin{pmatrix} 1 \\ 2 \end{pmatrix}.$

Regel 108 Lösung des Gleichungssystemes aus Regel 107

Ist $D = \begin{vmatrix} a_{11} & a_{12} \\ a_{21} & a_{22} \end{vmatrix} = a_{11}a_{22} - a_{12}a_{21} \neq 0$,

so hat das Gleichungssystem aus Regel 107 die Lösungen

$x_1 = \dfrac{D_1}{D}$ und $x_2 = \dfrac{D_2}{D}$ mit

$D_1 = \begin{vmatrix} y_1 & a_{12} \\ y_2 & a_{22} \end{vmatrix}$ und $D_2 = \begin{vmatrix} a_{11} & y_1 \\ a_{21} & y_2 \end{vmatrix}$.

Beispiel

Es sei

$x_1 + 2x_2 = 1$
$2x_1 + 2x_2 = 2$

das vorgelegte Gleichungssystem, in Matrizenschreibweise erhalten wir also

$\begin{pmatrix} 1 & 2 \\ 2 & 2 \end{pmatrix} \cdot \begin{pmatrix} x_1 \\ x_2 \end{pmatrix} = \begin{pmatrix} 1 \\ 2 \end{pmatrix}$. Somit ist $D = -2$.

Mit Regel 102 erhalten wir für D_1 und D_2

$D_1 = \begin{vmatrix} 1 & 2 \\ 2 & 2 \end{vmatrix} = 2 - 4 = -2$ und $D_2 = \begin{vmatrix} 1 & 1 \\ 2 & 2 \end{vmatrix} = 2 - 2 = 0$.

Also ist $\qquad x_1 = \dfrac{D_1}{D} = \dfrac{-2}{-2} = 1 \qquad$ und $\qquad x_2 = \dfrac{D_2}{D} = \dfrac{0}{-2} = 0.$

11.2 Gleichungssysteme mit m Gleichungen und n Unbekannten

Regel 109 Gleichungssysteme mit m Gleichungen und n Unbekannten

Es sei

$$a_{11}x_1 + a_{12}x_2 + \dots\dots + a_{1n}x_n = y_1$$
$$a_{21}x_2 + a_{22}x_2 + \dots\dots + a_{2n}x_n = y_2$$

$$a_{m1}x_1 + a_{m2}x_2 + \dots\dots + a_{mn}x_n = y_m$$

ein lineares Gleichungssystem von m Gleichungen mit n Unbekannten über dem Körper der reellen Zahlen.

In Matrizenschreibweise lässt sich das Gleichungssystem so formulieren:

$$Ax = y$$

$A \quad = \quad (a_{ij}) \quad$ für $\quad i = 1, 2, \dots, m; j = 1, 2, \dots, n$
$x \quad = \quad (x_j) \quad$ für $\quad j = 1, 2, \dots, n$
$y \quad = \quad (y_i) \quad$ für $\quad i = 1, 2, \dots, m.$

(a) Ist m = n mit det $\left|a_{ik}\right| \neq 0$*, so hat das Gleichungssystem genau eine Lösung.*

(b) Ist m = n, det $\left|a_{ik}\right| = 0$ *und sind alle* $y_i = 0$*, so hat das Gleichungssystem unendlich viele Lösungen.*

(c) Ist m = n, det $\left|a_{ik}\right| \neq 0$ *und sind alle* $y_i = 0$*, so hat das Gleichungssystem genau die Lösung* $(0, 0, \dots, 0) \in \mathbb{R}^n$.

Beispiele

(1) Gleichungssystem mit unendlich viel Lösungen

Das Gleichungssystem $\begin{pmatrix} 1 & 2 \\ 2 & 4 \end{pmatrix} \cdot \begin{pmatrix} x_1 \\ x_2 \end{pmatrix} = \begin{pmatrix} 0 \\ 0 \end{pmatrix}$ hat unendlich viele Lösungen.

Begründung:
Es ist m = n = 2 und der Wert der zugehörigen Determinante beträgt 0.
Die Lösungsmenge ist $L = \{(x_1, x_2) \mid x_1 = -2x_2\}$ und hat unendlich viel Elemente.

(2) Gleichungssystem in einem Produktionsvorgang

Der Unternehmer Robert Reiningstedt produziert aus zwei Rohstoffen die Produkte P_1, P_2 und P_3. Er produziert e_1, e_2 und e_3 Einheiten von P_1, P_2 und P_3. Die folgende Tabelle gibt den Bedarf an Rohstoffen R_1 und R_2 an, der bei der Produktion der drei Güter **pro Einheit** anfällt:

	P_1	P_2	P_3
Bedarf an R_1	1	2	1
Bedarf an R_2	1	1	2

Tabelle 5: Bedarfsmengen bei Produktion

(a) Ermitteln Sie den **Gesamtrohstoffbedarf** r_1 und r_2 von R_1 und R_2 durch ein lineares Gleichungssystem!
(b) Wie lautet das Gleichungssystem in Matrizenschreibweise?
(c) Warum ist der Gesamtrohstoffbedarf eindeutig bestimmt?

Lösung:
(a) $r_1 = 1 \cdot e_1 + 2 \cdot e_2 + 1 \cdot e_3$
    $r_2 = 1 \cdot e_1 + 1 \cdot e_2 + 2 \cdot e_3$

(b) $\begin{pmatrix} r_1 \\ r_2 \end{pmatrix} = \begin{pmatrix} 1 & 2 & 1 \\ 1 & 1 & 2 \end{pmatrix} \cdot \begin{pmatrix} e_1 \\ e_2 \\ e_3 \end{pmatrix}$

(c) Der Bedarf ist eindeutig definiert durch die Angaben in obiger Tabelle sowie die vorgegebenen Werte e_1, e_2 und e_3.

Regel 110 Äquivalenzumformungen bei Gleichungssystemen

Die Lösungsmenge eines Gleichungssystemes aus Regel 109 bleibt erhalten, falls

(a) zwei Gleichungen miteinander vertauscht werden;
(b) eine Gleichung mit einer rellen Zahl $c \in \mathbb{R}$, $c \neq 0$ multipliziert wird;
(c) zu einer Gleichung eine zweite addiert wird oder von einer Gleichung eine zweite subtrahiert wird.

Beispiel

Lösen Sie folgendes Gleichungssystem:

1.) $x + y + z = 0$
2.) $x + y - z = 1$
3.) $x - y + z = 2$

Lösung:
Man addiert 1.) zu 2.) und 2.) zu 3.) und erhält die Gleichungen:

1. + 2.)	$2x + 2y + = 1$
2. + 3.)	$2x = 3$, also $x = \dfrac{3}{2}$

Setzt man $x = \dfrac{3}{2}$ in die Gleichung 1. + 2.) ein, so ergibt sich $2y = 1 - 2x = 1 - 3 = -2$, also $y = -1$. Hieraus folgt mit Gleichung 1):

$$z = -x - y = -\frac{3}{2} + 1 = -\frac{1}{2}$$

Die Lösung des Gleichungssystemes lautet somit:

$$x = \frac{3}{2} \qquad y = -1 \qquad z = -\frac{1}{2}$$

12. Folgen und Reihen

Die Begriffe *Monotonie* und *Konvergenz* werden in diesem Kapitel über Folgen und Reihen erläutert. Hierbei werden wir sehen, dass Reihen nichts anderes als spezielle Folgen sind. Im Mittelpunkt dieses Kapitels stehen Konvergenzkriterien, welche die Frage beantworten, wann eine Folge oder Reihe einen Grenzwert hat und wann nicht.

12.1 Zahlenfolgen

Regel 111   Definition einer reellen Zahlenfolge

Eine Menge (a_n), $n \in \mathbb{N}$, heißt reelle Zahlenfolge, falls $a_n \in \mathbb{R}$ für alle $n \in \mathbb{N}$ gilt. Hierbei sind $a_1, a_2, a_3, \ldots, a_n, \ldots$ die Glieder der Zahlenfolge. Man kann sich die Glieder der Zahlenfolge als Punkte auf der reellen Zahlenachse vorstellen.

Beispiel

Durch $a_n = \dfrac{1}{n}$ für alle $n \in \mathbb{N}$ wird eine Zahlenfolge definiert.

Die Glieder dieser Zahlenfolge sind $1, \dfrac{1}{2}, \dfrac{1}{3}, \ldots, \dfrac{1}{n}, \ldots$.

Regel 112   Monotone Zahlenfolgen

Eine reelle Zahlenfolge (a_n), $n \in \mathbb{N}$, heißt

(a) **streng monoton wachsend**, falls $a_n < a_{n+1}$ für alle $n \in \mathbb{N}$ gilt;

(b) **monoton wachsend**, falls $a_n \leq a_{n+1}$ für alle $n \in \mathbb{N}$ gilt;

(c) **streng monoton fallend**, falls $a_n > a_{n+1}$ für alle $n \in \mathbb{N}$ gilt;

(d) **monoton fallend**, falls $a_n \geq a_{n+1}$ für alle $n \in \mathbb{N}$ gilt.

Beispiel

Die Zahlenfolge $a_n = \dfrac{1}{n}$ ist streng monoton fallend:

$$\text{Es ist } 1 > \frac{1}{2} > \frac{1}{3} > \ldots > \frac{1}{n} > \ldots \ .$$

Regel 113 Konvergente und divergente Zahlenfolgen

(a) Eine reelle Zahlenfolge (a_n), $n \in \mathbb{N}$, heißt konvergent mit dem Grenzwert a, wenn es zu jedem

$$\varepsilon > 0 \quad \text{ein} \quad n_0 = n_0(\varepsilon) \quad \text{gibt,}$$

sodass $|a_n - a| \le \varepsilon$ für alle $n \ge n_0$ gilt.

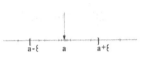

Man schreibt in diesem Fall

$$\lim_{n \to \infty} a_n = a \quad \text{oder} \quad a_n \to a \text{ für } n \to \infty .$$

(b) Konvergiert die Zahlenfolge nicht, so nennt man sie divergent.

Beispiel

(a) Es ist $\lim\limits_{n \to \infty} \dfrac{1}{n} = 0$. Die Zahlenfolge ist konvergent mit dem Grenzwert 0.

(b) Die Zahlenfolge $a_n = n$ $(n \in \mathbb{N})$ ist divergent.

Regel 114 Rechenregeln für konvergente Zahlenfolgen

Die reellen Zahlenfolgen (a_n), $n \in \mathbb{N}$, (b_n), $n \in \mathbb{N}$, seien konvergent mit den Grenzwerten a und b. Mit $c \in \mathbb{R}$ gelten die folgenden Rechenregeln:

(a) $\lim\limits_{n \to \infty} (a_n + b_n) = a + b$ (b) $\lim\limits_{n \to \infty} (a_n - b_n) = a - b$

(c) $\lim\limits_{n \to \infty} (a_n \cdot b_n) = a \cdot b$ (d) $\lim\limits_{n \to \infty} (c \cdot a_n) = c \cdot a$

(e) Ist $b \ne 0$ und $b_n \ne 0$ für alle $n \in \mathbb{N}$, so gilt $\lim\limits_{n \to \infty} \left(\dfrac{a_n}{b_n} \right) = \dfrac{a}{b}$.

Beispiel

Untersuchen Sie die Zahlenfolge $a_n = \dfrac{n - \sqrt{n}}{n + \sqrt{n}}$ auf Konvergenz!

Lösung: Es ist $\dfrac{n - \sqrt{n}}{n + \sqrt{n}} = \dfrac{1 - \dfrac{\sqrt{n}}{n}}{1 + \dfrac{\sqrt{n}}{n}} = \dfrac{1 - \dfrac{1}{\sqrt{n}}}{1 + \dfrac{1}{\sqrt{n}}}$, also gilt $\lim\limits_{n \to \infty} a_n = 1$.

Regel 115 Definition einer beschränkten Zahlenfolge

Eine reelle Zahlenfolge (a_n), $n \in \mathbb{N}$, heißt beschränkt, falls es ein $k \in \mathbb{R}$ gibt mit $|a_n| \le k$ für alle $n \in \mathbb{N}$.

Beispiel

Die Zahlenfolgen $a_n = \dfrac{\alpha}{n}$ sind beschränkt $(\alpha \in \mathbb{R}, \alpha \text{ fest})$.

Regel 116 Konvergenzkriterium

Jede monotone und beschränkte Zahlenfolge (a_n) ist konvergent.

Beispiel

Die Zahlenfolge $a_n = \dfrac{1}{\sqrt{n}}$ ist konvergent.

Monotonie: Die Zahlenfolge ist streng monoton fallend, denn für alle $n \in \mathbb{N}$ gilt

$$\frac{1}{\sqrt{n+1}} < \frac{1}{\sqrt{n}}.$$

Beschränktheit: Die Zahlenfolge ist beschränkt, denn für alle $n \in \mathbb{N}$ gilt

$$0 < \frac{1}{\sqrt{n}} \le 1.$$

Regel 117   Endliche Zahlenfolgen

Eine reelle Zahlenfolge heißt endlich, falls sie aus endlich vielen Gliedern besteht.

Beispiele

(1) Umsätze des Traktorhändlers Kurt Elfers aus Mackensen

Die Umsätze der letzten 10 Jahre des Traktorhändlers Kurt Elfers sind annähernd gegeben durch $u_i = 1.000.000.000 \cdot 1,1^i$ €, wobei i das laufende Jahr ist. Dann bilden die u_i $(i = 1, 2, ..., 10)$ eine endliche Zahlenfolge.

(2) Ausgaben der Familie Heinth

Die Ausgaben der Familie Heinth in der ersten Jahreshälfte 2005 sind in folgender Tabelle zusammengefasst:

Januar	Februar	März	April	Mai	Juni
2000 €	2100 €	1980 €	2200 €	2300 €	2225 €

Tabelle 6: monatliche Ausgaben

Die monatlichen Ausgaben lassen sich dann als endliche Zahlenfolge (a_i), i = 1, 2, 3, 4, 5, 6 auffassen.

12.2 Zahlenreihen

In diesem Abschnitt sei (a_n), $n \in \mathbb{N}$, stets eine reelle Zahlenfolge.

Regel 118   Definition einer reellen Zahlenreihe

Eine Reihe (s_n), $n \in \mathbb{N}$ mit $s_n = \sum_{k=1}^{n} a_k$ für alle $n \in \mathbb{N}$ heißt unendliche Zahlenreihe. Jede Zahlenreihe ist somit auch eine Zahlenfolge.

Beispiel

Durch $s_n = \sum_{k=1}^{n} \left(\frac{1}{2}\right)^k$ für alle $n \in \mathbb{N}$ wird eine Zahlenreihe definiert.

Regel 119   Konvergente und divergente Zahlenreihen

Die Reihe (s_n), $n \in \mathbb{N}$, mit $s_n = \sum_{k=1}^{n} a_k$ heißt absolut konvergent, falls die Reihe $(s_n{}')$, $n \in \mathbb{N}$, mit $s_n{}' = \sum_{k=1}^{\infty} |a_k|$ konvergent ist.

Regel 120   Konvergenzkriterien

Es gelten folgende Konvergenzkriterien:

(a) Majorantenkriterium:

Ist $a_k, b_k \geq 0$ und $a_k \leq b_k$ für alle $k \in \mathbb{N}$, so gilt:

$$\sum_{k=1}^{n} b_k \text{ konvergent für } n \to \infty \quad \Rightarrow \quad \sum_{k=1}^{n} a_k \text{ konvergent für } n \to \infty.$$

(b) Quotientenkriterium:

Gilt $\lim\limits_{k \to \infty} \left| \dfrac{a_{k+1}}{a_k} \right| \le q < 1$, so ist $\sum\limits_{k=1}^{n} a_k$ absolut konvergent für $n \to \infty$.

(c) Wurzelkriterium:

Gilt $\lim\limits_{k \to \infty} \sqrt[k]{|a_k|} \le q < 1$, so ist $\sum\limits_{k=1}^{n} a_k$ absolut konvergent für $n \to \infty$.

Beispiel

(a) Aus der Konvergenz von $\sum\limits_{k=1}^{\infty} \dfrac{1}{k^2}$ folgt nach dem Majorantenkriterium die Konvergenz von

$\sum\limits_{k=1}^{\infty} \dfrac{1}{k^3}$. Denn es gilt $0 < \dfrac{1}{k^3} \le \dfrac{1}{k^2}$ für alle $k \in \mathbb{N}$.

(b) Die Reihe $\sum\limits_{k=1}^{\infty} \dfrac{1}{k!}$ konvergiert nach dem Quotientenkriterium: Es ist

$\left| \dfrac{a_{k+1}}{a_k} \right| = \left| \dfrac{k!}{(k+1)!} \right| = \dfrac{1}{k+1}$; also $\lim\limits_{k \to \infty} \left| \dfrac{a_{k+1}}{a_k} \right| = 0$.

(c) Die Reihe $\sum\limits_{k=1}^{\infty} \left(\dfrac{5}{k} \right)^k$ ist konvergent nach dem Wurzelkriterium. Denn es gilt

$\lim\limits_{k \to \infty} \sqrt[k]{\left(\dfrac{5}{k} \right)^k} = \lim\limits_{k \to \infty} \dfrac{5}{k} = 0$.

Regel 121   Geometrische Reihe

Bei der geometrischen Reihe ist der Quotient $q = \left| \dfrac{a_{k+1}}{a_k} \right|$ zweier aufeinander-folgender Glieder konstant.

Für $|q| < 1$ ist $\displaystyle\sum_{k=0}^{\infty} q^k = \dfrac{1}{1-q}$.

Beispiele

(1) $\displaystyle\sum_{k=0}^{\infty} \left(\dfrac{1}{2}\right)^k = \dfrac{1}{1-\dfrac{1}{2}} = 2$

(2) $\displaystyle\sum_{k=0}^{\infty} \left(-\dfrac{1}{2}\right)^k = \dfrac{1}{1+\dfrac{1}{2}} = \dfrac{2}{3}$

(3) Überlegen Sie sich, warum die geometrische Reihe für $q = 1$ und $q = -1$ divergent ist!

13. Mathematische Funktionen und Potenzreihen

In diesem Kapitel werden ausschließlich *mathematische Funktionen* $f : D(f) \to W(f)$ betrachtet, wobei $D(f)$ der Definitionsbereich der Funktion und $W(f)$ der Wertebereich der Funktion ist. Bei einer Funktion wird durch eine eindeutige Vorschrift jedem $x \in D(f)$ ein Element $y \in W(f)$ zugeordnet. Man nennt x die unabhängige Variable, $y = f(x)$ die abhängige Variable. Die Kosten sind in der Ökonomie z. B. abhängig von der Produktionsmenge, die Längenausdehnung ist in der Physik abhängig von der Temperatur. In diesem Kapitel werden *beschränkte*, *monotone* und *stetige* Funktionen definiert.

13.1 Monotonie, Grenzwert und Stetigkeit

Regel 122   Monotone Funktionen

Es sei $f : D(f) \to W(f)$ eine Funktion mit $D(f), W(f) \subseteq \mathbb{R}$. Die Funktion heißt

(a) streng monoton wachsend,
falls $x < y \Rightarrow f(x) < f(y)$ für alle $x, y \in D(f)$ gilt;

(b) monoton wachsend,
falls $x < y \Rightarrow f(x) \leq f(y)$ für alle $x, y \in D(f)$ gilt;

(c) streng monoton fallend,
falls $x < y \Rightarrow f(x) > f(y)$ für alle $x, y \in D(f)$ gilt;

(d) monoton fallend,
falls $x < y \Rightarrow f(x) \geq f(y)$ für alle $x, y \in D(f)$ gilt.

Regel 123   Umkehrfunktion

Es sei $f : D(f) \to W(f)$ eine Funktion mit $D(f), W(f) \subseteq \mathbb{R}$. Die Funktion $g : W(f) \to D(f)$ heißt Umkehrfunktion von f, falls $(gf)(x) = x$ für alle $x \in D(f)$ gilt. Statt g schreibt man auch f^{-1}. Geometrisch ist die Umkehrfunktion die Spiegelung an der x-Achse.

Beispiel

Es sei $f(x) = \dfrac{x}{2}$ für alle $x \geq 0$.

Dann ist $g(x) = 2x$ die Umkehrfunktion von $f(x)$.

Regel 124 Grenzwert einer Funktion

Es sei $f : D(f) \rightarrow W(f)$ eine Funktion mit $D(f), W(f) \subseteq \mathbb{R}$. Die Funktion f hat an der Häufungsstelle $x_0 \in D(f)$ den Grenzwert g, in Zeichen

$$\lim_{x \rightarrow x_0} f(x) = g \,,$$

falls gilt:

zu jedem $\varepsilon > 0$ gibt es ein $\delta = \delta(\varepsilon) > 0$, sodass

$$|x - x_0| \leq \delta \Rightarrow |f(x) - g| \leq \varepsilon$$

für alle $x \neq x_0$.

Bemerkung: Die Abweichungen der Funktionswerte $f(x)$ vom Grenzwert g werden beliebig klein, sofern die x-Werte nahe genug an x_0 liegen, aber von x_0 verschieden sind.

Regel 125 Rechenregeln bei Grenzwerten

Es seien f, g Funktionen mit $\lim\limits_{x \rightarrow x_0} f(x) = a$ und $\lim\limits_{x \rightarrow x_0} g(x) = b$.

Dann gelten die folgenden Rechenregeln:

(a) $\lim\limits_{x \rightarrow x_0} (f(x) + g(x)) = a + b$

(b) $\lim\limits_{x \rightarrow x_0} (f(x) - g(x)) = a - b$

(c) $\lim\limits_{x \rightarrow x_0} (f(x) \cdot g(x)) = a \cdot b$

(d) Ist $b \neq 0$ und $g(x) \neq 0$, so gilt $\quad \lim\limits_{x \rightarrow x_0} (f(x) : g(x)) = \dfrac{a}{b}$.

Beispiele

(1) $\lim\limits_{x \to 2} \dfrac{x^2 - 3 \cdot x + 2}{x - 2} = \lim\limits_{x \to 2} \dfrac{(x-2) \cdot (x-1)}{x-2} = \lim\limits_{x \to 2}(x-1) = 2-1 = 1$

(2) $\lim\limits_{x \to \infty} \dfrac{x + x^2}{x^3} = \lim\limits_{x \to \infty} \dfrac{\dfrac{1}{x^2} + \dfrac{1}{x}}{1} = 0$

(3) $0 \le \lim\limits_{x \to \infty}\left|\dfrac{\sin x}{x}\right| = \lim\limits_{x \to \infty}\dfrac{|\sin x|}{|x|} \le \lim\limits_{x \to \infty}\dfrac{1}{|x|} = 0$, also gilt $\lim\limits_{x \to \infty}\left|\dfrac{\sin x}{x}\right| = 0$.

Regel 126   Stetige Funktionen

(a) Es sei $f : D(f) \to W(f)$ eine Funktion mit $D(f), W(f) \subseteq \mathbb{R}$. Die Funktion f heißt an der Stelle $x_0 \in D(f)$ stetig, falls gilt:

Zu jedem $\varepsilon > 0$ gibt es ein
$\delta = \delta(\varepsilon) > 0$, sodass die Aussage
$$|x - x_0| \le \delta \Rightarrow |f(x) - f(x_0)| \le \varepsilon$$
wahr ist.

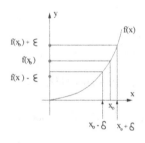

Bemerkung: Die Abweichungen der Funktionswerte $f(x)$ vom Funktionswert $f(x_0)$ werden bei einer stetigen Funktion beliebig klein, sofern die x-Werte nahe genug am Punkt x_0 liegen.

(b) Ist die Funktion f stetig an der Stelle x_0, so gilt
$$\lim\limits_{x \to x_0} f(x) = f(x_0).$$

(c) Nun sei $D(f) = I \subseteq \mathbb{R}$ ein Intervall. Die Funktion f heißt stetig auf I, falls sie für alle $x \in I$ stetig ist.

Bemerkung: Summe, Differenz und Produkt stetiger Funktionen sind wieder stetig. Der Quotient stetiger Funktionen ist stetig, sofern der Nenner von null verschieden ist.

Regel 127 Symmetrische Funktionen

Es sei $f : [-a,a] \to W(f) \subseteq \mathbb{R}$ eine Funktion.

(a) Die Funktion f heißt **gerade,** falls $f(x) = f(-x)$ für alle $x \in [-a,a]$ gilt. Eine gerade Funktion ist symmetrisch zur y-Achse.

(b) Die Funktion f heißt **ungerade,** falls $f(x) = -f(-x)$ für alle $x \in [-a,a]$ gilt. Eine ungerade Funktion ist symmetrisch zum Nullpunkt.

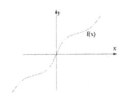

(c) Jede Funktion $f : [-a,a] \to \mathbb{R}$ kann als eine Summe einer geraden und ungeraden Funktion dargestellt werden:

Es ist $f(x) = g(x) + h(x)$ wobei

$$g(x) = \frac{1}{2}(f(x) + f(-x)) \text{ und } h(x) = \frac{1}{2}(f(x) - f(-x)) \text{ ist.}$$

Beispiel

(a) Die Funktion $f(x) = x^2$ ist gerade für jedes Intervall $[-a,a]$, denn es gilt
$f(x) = x^2 = (-x)^2 = f(-x)$.

(b) Die Funktion $f(x) = x^3$ ist ungerade für jedes Intervall $[-a,a]$, denn es gilt
$f(x) = x^3 = -(-x^3) = -f(-x)$.

(c) Die Funktion $f(x) = x + 1$ ist als Summe einer geraden und ungeraden Funktion zu schreiben.

Es ist $f(x) = g(x) + h(x)$ mit

$$g(x) = \frac{1}{2} \cdot (x + 1 - x + 1) = 1 \quad \text{und} \quad h(x) = \frac{1}{2} \cdot (x + 1 + x - 1) = x \ .$$

13.2 Satz von Bolzano, Zwischenwertsatz und Funktionsübersicht

Regel 128 Satz von Bolzano

Es sei f: $[a, b] \to \mathbb{R}$ eine stetige Funktion. Sind die Vorzeichen von $f(a)$ und $f(b)$ unterschiedlich, so besitzt die Funktion mindestens eine Nullstelle im Intervall (a, b). Im vorliegenden Fall ist also $f(a) \cdot f(b) \neq 0$.

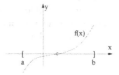

Beispiel

Betrachten Sie die Funktion $f(x) = x^3$ im Intervall $I = [-1, 2]$.
Es ist $f(-1) = -1$ und $f(2) = 8$, somit hat die stetige Funktion f eine Nullstelle im Intervall $[-1, 2]$.

Regel 129 Zwischenwertsatz

Es sei f: $[a, b] \to \mathbb{R}$ eine stetige Funktion.

Die Funktion f nimmt alle Werte zwischen $f(a)$ und $f(b)$ an: Zu $\eta \in [f(a), f(b)]$ gibt es ein $\zeta \in [a, b]$ mit $f(\zeta) = \eta$.

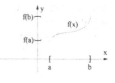

Beispiel

Betrachten Sie die Funktion $f(x) = x^3$ im Intervall $I = [-1, 2]$.
Nach dem Zwischenwertsatz und dem Beispiel zu Regel 128 nimmt die Funktion $f(x)$ alle Werte zwischen – 1 und 8 an.

Regel 130 Ökonomische Funktionen

Diese Regel gibt eine knappe Übersicht **ökonomischer Funktionen**:

(a) Kostenfunktion: $\quad K(x) = K_f + K_v(x)$

Dies ist die Gesamtkostenfunktion, die sich aus der Summe der fixen Kosten und der variablen Kosten ergibt. Die Abbildung zeigt eine **lineare** Gesamtkostenfunktion.

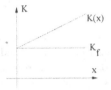

(b) Fixkosten: $\quad K_f$

Dies sind diejenigen Kosten, die in der Funktion $K(x)$ unabhängig von der Ausbringungsmemge x sind.

(c) variable Kosten: $\quad K_v(x)$

Dies sind diejenigen Kosten, die in der Funktion $K(x)$ abhängig von der Ausbringungsmenge x sind. Bei wachsendem x nehmen die Kosten zu, bei fallendem x nehmen diese Kosten ab.

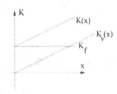

(d) Stückkosten: $\quad k(x) = \dfrac{K(x)}{x}$

Diese Kosten stellen den Quotienten aus den Gesamtkosten und der Ausbringungsmenge dar.

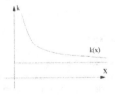

(e) variable Stückkosten: $\quad k_v(x) = \dfrac{K_v(x)}{x}$

Diese Kosten repräsentieren den Quotienten aus variablen Kosten und der Ausbringungsmenge.

(f) Erlösfunktion: $E(x) = p \cdot x$

Der Erlös wird als Produkt des Erlöses pro Stück
mit der abgesetzten Menge definiert.

(g) Erlös pro Stück: p

(h) Gewinnfunktion:

$$G(x) = E(x) - K(x)$$

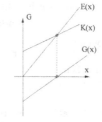

Die Gewinnfunktion wird definiert als die
Differenz von Erlösfunktion und
Kostenfunktion. Der Break–Even-Point liegt bei
der Nullstelle der Gewinnfunktion.

Beispiel: Break-Even-Point als Nullstelle

Der Traktorhändler Kurt Müller aus Kaufbeuren habe Fixkosten von 1.000.000 € und variable
Kosten in Höhe von 5.000 €. Er verkauft seine Traktoren für 10.000 €.

(a) Stellen Sie die Kostenfunktion $K(x)$ auf!

(b) Stellen sie die Erlösfunktion $E(x)$ auf!

(c) Stellen Sie die Gewinnfunktion $G(x)$ auf!

(d) Bei Welcher Menge ist $G(x) = 0$ (Break-Even-Point)?

Lösung:

(a) $K(x) = 1.000.000 + 5.000x$

(b) $E(x) = 10.000x$

(c) $G(x) = 10.000x - 1.000.000 - 5.000x = 5.000x - 1.000.000$

(d) Aus $G(x) = 0$ folgt $x = 200$. Bei einer Menge von 200 abgesetzten Traktoren ist der
Gewinn 0 €.

Regel 131 Funktionen und ihre Eigenschaften

In dieser Regel werden einige wichtige Funktionen aufgezählt und ihre Eigenschaften beschrieben. Zur Differenzierbarkeit siehe Kapitel 14.

(a) Absolutbetrag: $f(x) = |x|$

Eigenschaften:
Definitionsbereich: $D(f) = \mathbb{R}$

Wertebereich: $W(f) = \{x \in \mathbb{R} \mid x \geq 0\}$

Monotonie: für $x \geq 0$ ist die Funktion streng monoton wachsend;
für $x \leq 0$ ist die Funktion streng monoton fallend.

Nullstellen: $x = 0$

Differenzierbarkeit: Die Funktion ist im Punkt 0 nicht differenzierbar.

(b) Wurzelfunktion: $f(x) = +\sqrt{x}$

Eigenschaften:
Definitionsbereich: $D(f) = \{x \in \mathbb{R} \mid x \geq 0\}$

Wertebereich: $W(f) = \{x \in \mathbb{R} \mid x \geq 0\}$

Monotonie: streng monoton wachsend
Nullstellen: $x = 0$
Differenzierbarkeit: Die Funktion ist für $x > 0$ differenzierbar.

(c) Exponentialfunktion: $f(x) = e^x$

Eigenschaften:
Definitionsbereich: $D(f) = \mathbb{R}$

Wertebereich: $W(f) = \{x \in \mathbb{R} \mid x > 0\}$

Monotonie: streng monoton wachsend
Nullstellen: keine

Differenzierbarkeit: Die Funktion ist in $D(f)$ differenzierbar.

(d) natürlicher Logarithmus: $\ln x$

Eigenschaften:

Definitionsbereich:	$D(f) = \{x \in \mathbb{R} \mid x > 0 \}$
Wertebereich:	$W(f) = \mathbb{R}$
Monotonie:	streng monoton wachsend
Nullstellen:	$x = 1$
Differenzierbarkeit:	Die Funktion ist in $D(f)$ differenzierbar.

13.3 Potenzreihen

Regel 132   Definition einer Potenzreihe

Eine Reihe der Form

$$P(x) = a_0 + a_1 x + a_2 x^2 + \ldots + a_n x^n + \ldots \text{bzw.}$$
$$P(x) = a_0 + a_1 (x - x_0) + a_2 (x - x_0)^2 + \ldots + a_n (x - x_0)^n + \ldots$$

nennt man Potenzreihe. Im ersten Fall wird sie um den Punkt 0, im zweiten Fall um den Punkt x_0 entwickelt. Wir setzen voraus, das $a_i \in \mathbb{R}$ für alle i= 0, 1, 2, 3, … gilt.

Beispiel

Die Reihe $P(x) = \sum_{n=0}^{\infty} x^n$ ist um den Punkt 0 entwickelt. In Regel 134 werden weitere Potenzreihen definiert.

Regel 133   Konvergenzradius einer Potenzreihe

Eine Potenzreihe, die nicht nur für $x = 0$ und nicht für alle $x \in \mathbb{R}$ konvergiert, besitzt einen Konvergenzradius. Dies ist eine Zahl r > 0, sodass die Potenzreihe für $|x| < r$ konvergiert und für $|x| > r$ divergiert. Das Verhalten in den Punkten $x = r$ und $x = -r$ muss gesondert untersucht werden.

KONVERGENZ

( )

$x_0 - r$ x_0 $x_0 + r$

Beispiel

Die Reihe $P(x) = \sum_{n=0}^{\infty} x^n$ hat den Konvergenzradius 1. Sie konvergiert jedoch nur im Intervall $(-1, 1)$; in den Randpunkten 1 und -1 des Intervalles divergiert diese Reihe.

Regel 134   Übersicht über Potenzreihen

Bei den folgenden Potenzreihen ist stets der Konvergenzradius angegeben.

(a) Geometrische Reihe

$$f(x) = \frac{1}{1-x} = 1 + x + x^2 + x^3 + \dots$$

konvergent für $|x| < 1$

(b) Exponentialfunktion

$$f(x) = \exp x = e^x = 1 + x + \frac{x^2}{2!} + \frac{x^3}{3!} + \dots$$

konvergent für $|x| < \infty$

(c) Natürlicher Logarithmus

$$f(x) = \ln x = 2 \cdot \left[\left(\frac{x-1}{x+1} \right) + \frac{1}{3} \cdot \left(\frac{x-1}{x+1} \right)^3 + \frac{1}{5} \cdot \left(\frac{x-1}{x+1} \right)^5 + \dots \right]$$

konvergent für $x > 0$

(d) Sinusfunktion

$$f(x) = \sin x = x - \frac{x^3}{3!} + \frac{x^5}{5!} - \frac{x^7}{7!} + \dots$$

konvergent für $|x| < \infty$

(e) Cosinusfunktion

$$f(x) = \cos x = 1 - \frac{x^2}{2!} + \frac{x^4}{4!} - \frac{x^6}{6!} + \dots$$

konvergent für $|x| < \infty$

(f) Umkehrfunktion der Sinusfunktion

$$f(x) = \arcsin x = x + \frac{x^3}{2 \cdot 3} + \frac{1 \cdot 3 \cdot x^5}{2 \cdot 4 \cdot 5} + \frac{1 \cdot 3 \cdot 5 \cdot x^7}{2 \cdot 4 \cdot 6 \cdot 7} + \dots$$

konvergent für $|x| < 1$

(g) Umkehrung der Cosinusfunktion

$$f(x) = \arccos x = \frac{\pi}{2} - \left[x + \frac{1}{2 \cdot 3} \cdot x^3 + \frac{1 \cdot 3}{2 \cdot 4 \cdot 5} \cdot x^5 + \frac{1 \cdot 3 \cdot 5}{2 \cdot 4 \cdot 6 \cdot 7} \cdot x^7 + \dots \right]$$

konvergent für $|x| < 1$

(h) Die Funktion sinh x

$$f(x) = \sinh x = x + \frac{x^3}{3!} + \frac{x^5}{5!} + \frac{x^7}{7!} + \dots$$

konvergent für $|x| < \infty$

(i) Die Funktion cosh x

$$f(x) = \cosh x = 1 + \frac{x^2}{2!} + \frac{x^4}{4!} + \frac{x^6}{6!} + \dots$$

konvergent für $|x| < \infty$

Beispiel

(a) Die geometrische Reihe konvergiert für $|x| < 1$, hat also den Konvergenzradius 1.

(b) Nach der Reihe für die Exponentialfunktion ist $e = 1 + 1 + \dfrac{1}{2!} + \dfrac{1}{3!} + \dfrac{1}{4!} \dots$.

(c) Nach der Reihe für den natürlichen Logarithmus ist $\ln 2 = 2 \cdot \left[\dfrac{1}{3} + \dfrac{1}{3} \cdot \dfrac{1}{3^3} + \dfrac{1}{5} \cdot \dfrac{1}{3^5} + \dots \right]$.

(d) Nach der Sinusreihe ist $\sin 1 = 1 - \dfrac{1}{3!} + \dfrac{1}{5!} - \dfrac{1}{7!} + \dots$.

(e) Nach der Cosinusreihe ist $\cos 0 = 1$.

(f) Nach der Reihe für arcsin x ist $\arcsin 0 = 0$.

(g) Nach der Reihe für arccos x ist $\arccos 0 = \dfrac{\pi}{2}$.

(h) Nach der Reihe für sinh x ist $\sinh 0 = 0$.

(i) Nach der Reihe für cosh x ist $\cosh 0 = 1$.

Regel 135 Die Hyperbelfunktionen

Die Hyperbelfunktionen werden mit Hilfe der Funktion $f(x) = e^x$ definiert.

(a) Sinus Hyperbolicus

$\sinh x = \dfrac{e^x - e^{-x}}{2}$

Die Funktion sinh x ist für alle $x \in \mathbb{R}$ differenzierbar.

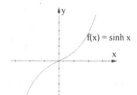

(b) Cosinus Hyperbolicus

$\cosh x = \dfrac{e^x + e^{-x}}{2}$

Die Funktion cosh x ist für alle $x \in \mathbb{R}$ differenzierbar.

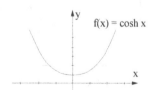

(c) Tangens Hyperbolicus

$$\tanh x = \frac{e^x - e^{-x}}{e^x + e^{-x}}$$

Die Funktion tanh x ist für alle
$x \in \mathbb{R}$ differenzierbar.

(d) Cotangens Hyperbolicus

$$\coth x = \frac{e^x + e^{-x}}{e^x - e^{-x}}$$

Die Funktion coth x ist für alle $x \in \mathbb{R}$
mit $x \neq 0$ differenzierbar.

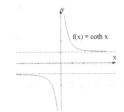

Eigenschaften der Hyperbelfunktionen:

	sinh x	*cosh x*	*tanh x*	*coth x*
Definitionsbereich	$(-\infty, \infty)$	$(-\infty, \infty)$	$(-\infty, \infty)$	$\lvert x \rvert > 0$
Wertebereich	$(-\infty, \infty)$	$[1, \infty)$	$(-1, 1)$	$\lvert y \rvert > 1$
Monotonie	streng wachsend	-------------	streng wachsend	------------------
Symmetrie	ungerade	gerade	ungerade	ungerade
Nullstellen	$x_N = 0$	-------------	$x_N = 0$	------------------

Tabelle 7: Eigenschaften der Hyperbelfunktionen

14. Grundzüge der Differential-rechnung

Die *Differentialrechnung* wurde in der zweiten Hälfte des 17. Jahrhunderts von Isaac Newton und Gottfried Wilhelm Leibniz entwickelt. Wenn Ergebnisse maximiert oder minimiert werden sollen, wird sie - neben zahlreichen anderen Verfahren - eingesetzt: Ökonomen, die das Maximum einer Gewinnfunktion suchen, arbeiten genauso mit ihr wie ein Physiker, der die Beschleunigung ermittelt. Eine der Hauptaufgaben der Differentialrechnung ist es, eine Tangente an einen Punkt an eine Funktion zu legen.

14.1 Differentialquotient und Ableitungsregeln

Regel 136   Sekante an eine Funktion

Es sei $f : D(f) \rightarrow W(f)$ eine Funktion mit $D(f), W(f) \subseteq \mathbb{R}$.

Liegen die Punkte x^* und $x^* + h$ im Definitions-bereich $D(f)$, so bezeichnet

$$\tan \alpha = \frac{f(x^* + h) - f(x^*)}{h}$$

den Anstieg der Sekante durch die Punkte $f(x^*)$ und $f(x^* + h)$.

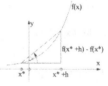

Bemerkung:

(a) Ist die Funktion $f(x)$ eine Konstante, so ist der Anstieg der Sekante 0.

(b) Ist die Funktion $f(x) = mx + n$ eine Gerade, so ist der Anstieg der Sekante m.

Regel 137 Der Differentialquotient

Es sei $f : D(f) \rightarrow W(f)$ eine Funktion mit $D(f), W(f) \subseteq \mathbb{R}$. Die Funktion heißt differenzierbar an der Stelle $x^{\bullet}$, falls der Grenzwert

$$\lim_{h \rightarrow 0} \frac{f(x^{\bullet} + h) - f(x^{\bullet})}{h} = f'(x^{\bullet})$$

existiert.

Man nennt diesen Grenzwert Ableitung oder Differentialquotienten der Funktion $f(x)$ an der Stelle $x^{\bullet}$. Die Steigung im Punkt $(x^{\bullet}, f(x^{\bullet}))$ der Funktion f entspricht dem Differentialquotienten an dieser Stelle. Legt man im Punkt $(x^{\bullet}, f(x^{\bullet}))$ eine Tangente an die Kurve, so ist die Steigung dieser Tangente identisch mit dem Differentialquotienten.

Beispiel

Beweisen Sie: Für $f(x) = x^n$ ist $f'(x) = n \cdot x^{n-1}$!

Lösung:
Man betrachtet den Quotienten

$$\frac{f(x+h) - f(x)}{h} = \frac{(x+h)^n - x^n}{h} = \frac{x^n + \binom{n}{1} \cdot x^{n-1} \cdot h + \binom{n}{2} \cdot x^{n-2} \cdot h^2 + \ldots + h^n - x^n}{h}$$

$$= \binom{n}{1} \cdot x^{n-1} + \binom{n}{2} \cdot x^{n-2} \cdot h + \ldots + h^{n-1}.$$

Es ist nun unmittelbar ersichtlich, dass

$$\lim_{h \rightarrow 0} \frac{f(x+h) - f(x)}{h} = n \cdot x^{n-1} \text{ gilt.}$$

Regel 138 Differenzierbarkeit in einem Intervall

Die Funktion $f: I \rightarrow \mathbb{R}$ sei in dem offenen Intervall I definiert. f heißt differenzierbar in I, wenn f für jedes $x \in I$ differenzierbar ist.

Regel 139   Schreibweisen

Die Funktion f: $I \to \mathbb{R}$ sei in dem offenen Intervall I definiert und n-mal differenzierbar.

Für die erste Ableitung schreibt man

$$f'(x) \quad \text{oder} \quad \frac{df(x)}{dx},$$

für die n-te Ableitung schreibt man

$$f^{(n)}(x) \quad \text{oder} \quad \frac{d^n f(x)}{dx^n}.$$

Die n-te Ableitung von f(x) ist also die erste Ableitung der (n-1) - ten Ableitung:

$$f^{(n)}(x) = \frac{d}{dx} \cdot \frac{d^{n-1} f(x)}{dx^{n-1}}$$

Regel 140   Grundregeln über das Ableiten von Funktionen

Die reellwertigen Funktionen f und g seien im offenen Intervall I definiert und differenzierbar. Dann gelten die folgenden Regeln:

(a) Linearität

$$(f(x) + g(x))' = f'(x) + g'(x) \qquad\qquad (f(x) - g(x))' = f'(x) - g'(x)$$

(b) Multiplikation mit einem Skalar

$$(c \cdot f(x))' = c \cdot f'(x)$$

(c) Produktregel

$$(f(x) \cdot g(x))' = g(x) \cdot f'(x) + f(x) \cdot g'(x)$$

(d) Quotientenregel

$$\left(\frac{f(x)}{g(x)}\right)' = \frac{g(x) \cdot f'(x) - f(x) \cdot g'(x)}{g^2(x)}, \text{ falls } g(x) \neq 0.$$

Regel 141 Funktionen und ihre Ableitungen

Funktion	Definitionsbereich	Ableitung
x^n	alle $x \in \mathbb{R}$	$n \cdot x^{n-1}$
$\ln x$	$x > 0$	$\dfrac{1}{x}$
$\log x$	$x > 0$	$\dfrac{1}{x} \log e$
e^x	alle $x \in \mathbb{R}$	e^x
$\sin x$	alle $x \in \mathbb{R}$	$\cos x$
$\cos x$	alle $x \in \mathbb{R}$	$-\sin x$
$\tan x$	$x \neq (2n+1) \cdot \dfrac{\pi}{2}$, $n \in \mathbb{Z}$	$\dfrac{1}{\cos^2 x}$
$\cot x$	$x \neq n\pi$, $n \in \mathbb{Z}$	$\dfrac{-1}{\sin^2 x}$
$\arcsin x$	$|x| < 1$	$\dfrac{1}{\sqrt{1-x^2}}$
$\arccos x$	$|x| < 1$	$\dfrac{-1}{\sqrt{1-x^2}}$
$\arctan x$	alle $x \in \mathbb{R}$	$\dfrac{1}{1+x^2}$
$\text{arccot } x$	alle $x \in \mathbb{R}$	$\dfrac{-1}{1+x^2}$

Beispiel

Bilden Sie die erste Ableitung der folgenden Funktionen!

(a) $h(x) = a_0 + a_1 \cdot x + a_2 \cdot x^2 + \ldots\ldots + a_n \cdot x^n$

(b) $h(x) = 5 \cdot (\sin x + \cos x)$

(c) $h(x) = e^x \cdot \sin x$

(d) $h(x) = \dfrac{\sin x}{\cos x}$

Lösung:

(a) $h'(x) = a_1 + 2a_2 \cdot x + \ldots\ldots + na_n \cdot x^{n-1}$

(b) $h'(x) = 5 \cdot (\cos x - \sin x)$

(c) Man setzt $f(x) = e^x$, $g(x) = \sin x$ und erhält nach der Produktregel
$$h'(x) = e^x \cdot \sin x - e^x \cdot \cos x = e^x \cdot (\sin x - \cos x).$$

(d) Man setzt $f(x) = \sin(x)$, $g(x) = \cos(x)$ und erhält nach der Quotientenregel
$$h'(x) = \frac{\cos^2 x + \sin^2 x}{\cos^2 x} = \frac{1}{\cos^2 x}.$$

Regel 142   Die Kettenregel

Die reellwertige Funktion f sei im Intervall $I = [a, b]$ differenzierbar, die reellwertige Funktion g sei im Wertebereich der Funktion f differenzierbar. Dann ist die zusammengesetzte Funktion
$$h(x) = g(f(x))$$
reellwertig mit der Ableitung
$$h'(x) = g'(f(x)) \cdot f'(x).$$

Beispiel

Für $h(x) = e^{3x}$ ist $h'(x) = 3 \cdot e^{3x}$.

Regel 143 Ableitung einer Potenzreihe

(a) Ist $f(x) = \sum_{i=0}^{\infty} a_i \cdot x^i$ eine Potenzreihe mit Konvergenzradius r, so wird die Ableitung von $f(x)$ für $|x| < r$ durch

$$f'(x) = \sum_{i=1}^{\infty} a_i \cdot i \cdot x^{i-1}$$

gebildet.

(b) Die durch gliedweise Ableitung gebildete Potenzreihe in (a) hat den gleichen Konvergenzradius wie die Ursprungsreihe.

Beispiel

(a) Ist $f(x) = e^x = \sum_{i=0}^{\infty} \dfrac{x^n}{n!}$, so ist $f'(x) = \sum_{n=1}^{\infty} \dfrac{x^{n-1}}{(n-1)!} = e^x$ für alle $x \in \mathbb{R}$.

Ist $f(x) = \sin x = x - \dfrac{x^3}{3!} + \dfrac{x^5}{5!} - \dfrac{x^7}{7!} + \ldots$,

so ist $f'(x) = \cos x = 1 - \dfrac{x^2}{2!} + \dfrac{x^4}{4!} - \dfrac{x^6}{6!} + \ldots$ für alle $x \in \mathbb{R}$.

(b) Schlagen Sie in Regel 134 die Konvergenzradien der abgeleiteten Potenzreihen nach!

14.2 Extremwerte und Wendepunkte

Regel 144 Relatives Maximum und Minimum einer Funktion

Die reellwertige Funktion f sei im Intervall $I = [a, b]$ zweimal differenzierbar und es sei $x^* \in (a, b)$.

(a) Ist $f'(x^*) = 0$ und $f''(x^*) > 0$, so besitzt f an der Stelle x^* ein relatives Minimum.

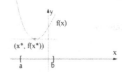

(b) Ist $f'(x^*) = 0$ und $f''(x^*) < 0$, so besitzt f an der Stelle x^* ein relatives Maximum.

Beispiel: Maximumberechnung

Welches Rechteck mit Umfang 100 m hat maximalen Flächeninhalt? Bestimmen Sie diesen Flächeninhalt!

Lösung:
Es sei a die Länge und b die Breite des Rechteckes. Dann gilt (U = Umfang, F = Fläche):

(a) $U(a, b) = 2a + 2b = 100$ (b) $F(a, b) = a \cdot b$

Man löst die erste Gleichung nach a auf und setzt das Ergebnis in (b) ein. Dann erhält man:

(a) $a = 50 - b$ (b) $F(b) = (50 - b) \cdot b = 50b - b^2$

Die zweite Gleichung wird nun zweimal nach b abgeleitet:

$F'(b) = 50 - 2b \qquad F''(b) = -2 < 0$

Setzt man $F'(b) = 50 - 2b = 0$, so erhält man als Ergebnis b = 25. Somit ist a = b = 25; das gesuchte Rechteck ist also ein Quadrat mit der Fläche 625 m^2.

Regel 145   Wendepunkt

Die reellwertige Funktion f sei im Intervall $I = [a, b]$
dreimal differenzierbar und es sei $x^* \in (a, b)$.
Ist $f''(x^*) = 0$ und $f'''(x^*) \neq 0$, so besitzt f an der
Stelle x^* einen Wendepunkt.

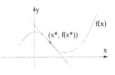

Beispiel

Die Funktion $f(x) = \sin x$ hat an der Stelle $x = \pi$ einen Wendepunkt.

Es ist $f'(x) = \cos x$, $f''(x) = -\sin x$ und $f'''(x) = -\cos x$, somit folgt:

$$f''(\pi) = 0 \quad \text{und} \quad f'''(\pi) = 1$$

Regel 146   Ableitung ökonomischer Funktionen

(a) Der Zuwachs an den Gesamtkosten, der aus
der letzten Produktionseinheit entsteht, wird als
Grenzkosten bezeichnet. Mathematisch gesehen
ist dies die Ableitung $K'(x)$ der Kostenfunktion
$K(x)$.

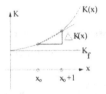

(b) Als **Grenzerlös** bezeichnet man die durch
Verkauf der letzten Produktionseinheit bewirkte
Erlösveränderung. Mathematisch gesehen ist der
Grenzerlös die erste Ableitung $E'(x)$ der
Erlösfunktion $E(x)$.

(c) Als **Grenzgewinn** bezeichnet man den Gewinn, der bei Verkauf der jeweils letzten Produktionseinheit entsteht. Mathematisch gesehen ist dies die erste Ableitung $G'(x)$ der Gewinnfunktion $G(x)$.

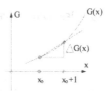

(d) Wegen $G(x) = E(x) - K(x)$ gilt im relativen Gewinnmaximum
$$E'(x) - K'(x) = 0, \text{ also } E'(x) = K'(x).$$

Beispiel

Gegeben sei die Kostenfunktion $K(x) = 100 + x + 0{,}1 \cdot x^2$ und die Erlösfunktion $E(x) = 10 \cdot x$.
(a) Berechnen Sie die Grenzkosten!
(b) Stellen Sie die Gewinnfunktion $G(x)$ auf und berechnen Sie den Grenzgewinn!
(c) Bilden Sie die zweite Ableitung der Gewinnfunktion!
(d) Besitzt die Gewinnfunktion ein relatives Maximum? Wenn ja, an welcher Stelle? Welchen Wert hat die Gewinnfunktion in diesem Punkt?

Lösung:

(a) Die Grenzkosten liegen bei $K'(x) = 1 + 0{,}2 \cdot x$.

(b) Es ist $G(x) = E(x) - K(x) = 9 \cdot x - 100 - 0{,}1 \cdot x^2$; der Grenzgewinn liegt folglich bei
$$G'(x) = 9 - 0{,}2 \cdot x.$$

(c) Es ist $G''(x) = -0{,}2 < 0$.

(d) Aus $G'(x) = 0$ folgt $9 - 0{,}2 \cdot x = 0$, also x = 45. Wegen c gilt also:

Die Gewinnfunktion besitzt im Punkt x = 45 ein relatives Maximum.

Es ist $G(45) = 9 \cdot 45 - 100 - 0{,}1 \cdot 45^2 = 102{,}5$.

Der Wert der Gewinnfunktion im relativen Maximum liegt also bei 102,50 €.

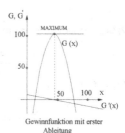

Gewinnfunktion mit erster Ableitung

14.3 Der Mittelwertsatz und der Satz von Taylor

Regel 147   Der Mittelwertsatz der Differentialrechnung

Die reellwertige Funktion f sei im Intervall I $=[a,b]$ stetig und im Intervall (a,b) differenzierbar. Dann gibt es mindestens einen Wert $\mu \in (a,b)$, sodass

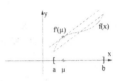

$$f'(\mu) = \frac{f(b)-f(a)}{b-a} \text{ gilt.}$$

Beispiele

(1) Gegeben sei die Funktion $f(x) = x^2$ im Intervall $[0,2]$. Dann ist

$$\frac{f(2)-f(0)}{2-0} = \frac{4-0}{2} = 2$$

Nun ist $f'(x) = 2x$; also

$$2 \cdot \mu = 2 \text{ und somit } \mu = 1.$$

(2) Gegeben sei die Funktion $f(x) = e^x$ im Intervall $[0,3]$. Dann ist

$$\frac{f(3)-f(0)}{3} = \frac{e^3-1}{3}.$$

Wegen $f'(x) = e^x$ gilt

$$e^\mu = \frac{e^3-1}{3} \text{ für ein } \mu \in [0,3].$$

Also ist $\mu = \ln \frac{e^3-1}{3}$.

Regel 148   Der Satz von Taylor

Die reellwertige Funktion f sei im Intervall $I = [a, b]$ $(n+1)$ – mal differenzierbar und es gelte $x^{\bullet}, x^{\bullet} + h \in I$. Dann ist

$$f\left(x^{\bullet} + h\right) = f\left(x^{\bullet}\right) + h \cdot f'\left(x^{\bullet}\right) + \frac{h^2}{2!} \cdot f''\left(x^{\bullet}\right) + \ldots + \frac{h^n}{n!} f^{(n)}\left(x^{\bullet}\right) + R_n$$

mit $R_n = \dfrac{h^{n+1}}{(n+1)!} \cdot f^{(n+1)}\left(x^{\bullet} + \vartheta \cdot h\right)$, wobei $0 < \vartheta < 1$ ist.

Beispiel

Für $f(x) = e^x$ und $x^{\bullet} = 0$ erhält man wegen $f'(x) = e^x$

$$f(h) = f(0) + h \cdot f'(0) + \frac{h^2}{2!} \cdot f''(0) + \ldots\ldots + \frac{h^n}{n!} \cdot f^{(n)}(0) + \frac{h^{n+1}}{(n+1)!} \cdot e^{\delta \cdot h}$$

$$= 1 + h + \frac{h^2}{2!} + \ldots\ldots + \frac{h^n}{n!} + \frac{h^{n+1}}{(n+1)!} \cdot e^{\delta \cdot h}$$

15. Integralrechnung

Die *Integralrechnung* begreift man in der Mathematik als Umkehrung der Differentialrechnung; zahlreiche Regeln der Integralrechnung lassen sich aus der Differentialrechnung ableiten und umgekehrt. Mathematisch begründet wurde diese von Cauchy (1789 bis 1857) sowie Riemann (1826 bis 1866). In der Antike wurden bereits mehrere Probleme dieser mathematischen Disziplin definiert und untersucht, wie z. B. Flächeninhalte und Rotationskörper, welche durch Rotieren einer Kurve um die x-Achse oder y-Achse entstehen. Die *numerische Integration* bietet Verfahren, um Integrale näherungsweise zu berechnen.

Ist K(x) eine Kostenfunktion, so lassen sich mit der Differentialrechnung die Grenzkosten K'(x) bestimmen; sind nur die Grenzkosten K'(x) bekannt, so lässt sich mit der Integralrechnung die Kostenfunktion K(x) bestimmen.

15.1 Das unbestimmte Integral

Regel 149   Die Stammfunktion

Es sei $f : [a, b] \to \mathbb{R}$ eine Funktion. F heißt Stammfunktion von f über $[a, b]$ genau dann, wenn

$$F'(x) = f(x) \text{ für alle } x \in [a, b] \text{ gilt.}$$

Regel 150   Eindeutigkeit der Stammfunktion

Es sei $f : [a, b] \to \mathbb{R}$ eine Funktion. Sind F, G Stammfunktionen von f über $[a, b]$, so ist

$$F(x) - G(x) = c \text{ mit } c \in \mathbb{R}$$

für alle $x \in [a, b]$. Zwei Stammfunktionen unterscheiden sich also lediglich durch eine Konstante.

Beispiel

Es sei $f(x) = e^x$ für alle $x \in \mathbb{R}$. Dann sind $F(x) = e^x + 2$ und $G(x) = e^x + 1$ zwei Stammfunktionen von $f(x)$.

Es sei $f : [a, b] \rightarrow \mathbb{R}$ eine Funktion. Als unbestimmtes Integral von f über $[a, b]$ bezeichnet man die Menge der Funktionen

$$\{F \mid F'(x) = f(x) \text{ für alle } x \in [a, b]\}.$$

Für diese Menge schreibt man in der Mathematik

$$\int f(x)\, dx.$$

Für das Rechnen mit unbestimmten Integralen gelten die folgenden Regeln (**vorausgesetzt, dass alle Integrale existieren**):

(a) Multiplikation mit einem Skalar $c \in \mathbb{R}$

$$\int c \cdot f(x)\, dx = c \cdot \int f(x)\, dx$$

(b) Additionsregel

$$\int (f(x) + g(x))\, dx = \int f(x)\, dx + \int g(x)\, dx$$

(c) Subtraktionsregel

$$\int (f(x) - g(x))\, dx = \int f(x)\, dx - \int g(x)\, dx$$

(d) Partielle Integration

Existieren die Ableitungen von $f(x)$ und $g(x)$, so ist

$$\int f(x) \cdot g'(x)\, dx = f(x) \cdot g(x) - \int g(x) \cdot f'(x)\, dx.$$

(e) Substitutionsregel

Seien f und g reellwertige Funktionen mit $W(g) \subseteq D(f)$. Ist $u = g(x)$ differenzierbar, so ist

$$\int f(x)\, dx = \int f(g(u)) \cdot g'(u)\, du.$$

Regel 153 Funktionen und ihre Integrale

Funktion $f(x)$	*Definitionsbereich*	*Integral* $\int f(x)\,dx$
x^n	alle $x \in \mathbb{R}$, $n \neq -1$	$\dfrac{x^{n+1}}{n+1}$
e^x	alle $x \in \mathbb{R}$	e^x
a^x	alle $x \in \mathbb{R}$, $a > 0$	$\dfrac{a^x}{\ln a}$
$\dfrac{1}{x}$	alle $x \in \mathbb{R}$ mit $x \neq 0$	$\ln |x|$
$\sin x$	alle $x \in \mathbb{R}$	$-\cos x$
$\cos x$	alle $x \in \mathbb{R}$	$\sin x$
$\tan x$	$x \neq \dfrac{\pi}{2} \cdot (2n+1)\,;\, n \in \mathbb{Z}$	$-\ln |\cos x|$
$\cot x$	$x \neq n \cdot \pi \,;\, n \in \mathbb{Z}$	$\ln |\sin x|$
$\dfrac{1}{1+x^2}$	alle $x \in \mathbb{R}$	$\arctan x$
$\dfrac{1}{\sqrt{1-x^2}}$	$|x| < 1$	$\arcsin x$
$\sin^2 x$	alle $x \in \mathbb{R}$	$\dfrac{x}{2} - \dfrac{\sin 2x}{4}$
$\cos^2 x$	alle $x \in \mathbb{R}$	$\dfrac{x}{2} + \dfrac{\sin 2x}{4}$

Beispiel: Integralberechnungen

Berechnen Sie die folgenden Integrale ($a_i \in \mathbb{R}$ für i = 1, 2, ..., n; $x \in \mathbb{R}$) !

(a) $\int \left(a_0 + a_1 \cdot x + a_2 \cdot x^2 + ... + a_n \cdot x^n\right) dx$

(b) $\int (\sin x + \cos x)\, dx$

(c) $\int \left(e^x - x^n\right) dx$

(d) $\int e^x \cdot x\, dx$

(e) $\int \sin^n x \cdot \cos x\, dx$

(f) $\int \dfrac{1}{(x-1) \cdot (x-2)}\, dx$ $\qquad\qquad (x \neq -1;\ x \neq -2)$

Lösung:

(a) $\int \left(a_0 + a_1 \cdot x + a_2 \cdot x^2 + ... + a_n \cdot x^n\right) dx = a_0 \cdot x + a_1 \cdot \dfrac{x^2}{2} + ... + a_n \cdot \dfrac{x^{n+1}}{n+1}$

(b) $\int (\sin x + \cos x)\, dx = \int \sin x\, dx + \int \cos x\, dx = -\cos x + \sin x$

(c) $\int \left(e^x - x^n\right) dx = e^x - \dfrac{x^{n+1}}{n+1}$

(d) Man setzt
$$f(x) = x,\ g'(x) = e^x \quad \text{und erhält}\ f'(x) = 1\ \text{und}\ g(x) = e^x.$$

Also gilt nach partieller Integration
$$\int e^x \cdot x\, dx = x \cdot e^x - \int e^x\, dx = x \cdot e^x - e^x = e^x(x-1).$$

(e) Man substituiert $u(x) = \sin x$ und erhält $\dfrac{du}{dx} = \cos x$. Hieraus folgt

$$\int \sin^n x \cos x\, dx = \int u^n\, du = \dfrac{u^{n+1}}{n+1} = \dfrac{(\sin x)^{n+1}}{n+1}.$$

(f) In diesem Beispiel wird der Bruch in Teilbrüche (Partialbrüche) zerlegt. Der Ansatz

$$\frac{1}{(x-1)\cdot(x-2)} = \frac{A}{x-1} + \frac{B}{x-2} \quad \text{liefert die Gleichung}$$

$$\frac{A}{x-1} + \frac{B}{x-2} = \frac{A\cdot(x-2)+B(x-1)}{(x-1)\cdot(x-2)} = \frac{Ax-2A+Bx-B}{(x-1)\cdot(x-2)} \ .$$

Hieraus folgen die beiden Gleichungen

$$A + B = 0 \qquad\qquad \text{und} \qquad\qquad -2A - B = 1$$

Die Lösungen der beiden Gleichungen lauten B = 1 und A = –1.

Somit erhält man

$$\int \frac{1}{(x-1)\cdot(x-2)}\, dx = \int \frac{-1}{(x-1)}\, dx + \int \frac{1}{(x-2)}\, dx = -\ln|x-1| + \ln|x-2| \ .$$

Regel 154   Integration einer Potenzreihe

(a) Eine Potenzreihe lässt sich im Innern ihres Konvergenzbereiches gliedweise integrieren:

$$\text{Ist } f(x) = \sum_{i=1}^{\infty} a_n x^n \ , \text{ so ist } \int f(x)\, dx = c + \int \sum_{n=1}^{\infty} a_n x^n \ dx = c + \sum_{n=1}^{\infty} a_n \cdot \frac{x^{n+1}}{n+1}$$

mit einer Integrationskonstanten c.

(b) Die durch gliedweise Integration gewonnene Potenzreihe hat denselben Konvergenzradius wie die Ursprungsreihe.

Regel 155 Kosten- und Gewinnfunktion an der Stelle 0

Gegeben sei eine Kostenfunktion $K(x)$, die zugehörige Erlösfunktion $E(x) = p \cdot x$ sowie die Gewinnfunktion $G(x)$. Zu berechnen sind die Werte $K(0)$ und $G(0)$.

(a) Es ist $K(x) = K_f + K_v(x)$, also folgt $K(0) = K_f$.
Die Kostenfunktion an der Stelle 0 entspricht den Fixkosten K_f.

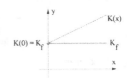

(b) Es gilt $G(x) = E(x) - K(x)$, also folgt $G(0) = E(0) - K(0) = -K_f$. Die Gewinnfunktion an der Stelle 0 entspricht den negativen Fixkosten.

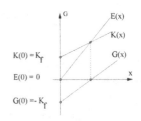

Beispiel

(a) Die Erlösfunktion $E(x)$ des Traktorhändlers Gerhard Krüger aus Fallingbostel habe die Steigung 10.000. Bei der Ausbringungsmenge 0 erhält er einen Erlös von 0 €. Welche Gleichung besitzt die Erlösfunktion?

(b) Seine Kostenfunktion habe die Steigung $5.000 + 0,5 \cdot x$. Er hat Fixkosten in Höhe von 1.000.000 €. Wie lautet die Kostenfunktion?

(c) Stellen Sie die Gewinnfunktion $G(x)$ auf!

(d) Besitzt die Gewinnfunktion $G(x)$ ein lokales Maximum? Wenn ja, wie hoch ist der Wert von $G(x)$ im Maximum?

Lösung:

(a) Es ist $E'(x) = 10.000$, also $E(x) = 10.000 \cdot x + c$ mit $c \in \mathbb{R}$. Wegen $E(0) = 0$ ist $c = 0$, also $E(x) = 10.000 \cdot x$.

(b) Es ist $K'(x) = 5.000 + 0,5 \cdot x$, also $K(x) = 0,25 \cdot x^2 + 5.000 \cdot x + c$ mit $c \in \mathbb{R}$. Wegen $K(0) = 1.000.000$ ist $c = 1.000.000$, also $K(x) = 0,25 \cdot x^2 + 5.000 \cdot x + 1.000.000$.

(c) Es ist

$$G(x) = E(x) - K(x) = 10.000 \cdot x - 0,25 \cdot x^2 - 5.000 \cdot x - 1.000.000 = -\frac{x^2}{4} + 5.000 \cdot x - 1.000.000.$$

(d) Man bildet die erste und zweite Ableitung der Funktion $G(x)$, berechnet ein eventuelles Extremum und untersucht auf Maximum bzw. Minimum.

Aus (c) folgt $G'(x) = -0,5 \cdot x + 5.000$ und $G''(x) = -0,5 < 0$. Aus $-0,5 \cdot x + 5000 = 0$ erhält man nun $x = 10.000$. Wegen $G''(10.000) < 0$ liegt ein **lokales Maximum** vor.

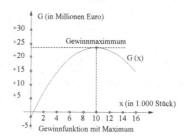

Gewinnfunktion mit Maximum

Es ist $G(10.000) = 5.000 \cdot 10.000 - 0,25 \cdot 10.000^2 - 1.000.000 = 24.000.000$. Der Gewinn im lokalen Maximum beträgt also 24.000.000 €.

15.2 Das bestimmte Integral

Regel 156   Das bestimmte Integral

Es sei $f : [a, b] \to \mathbb{R}$ eine Funktion und $a = x_0 < x_1 < x_2 \ldots\ldots x_n = b$ eine Zerlegung des Intervalles $[a, b]$.

Die Punkte η_i mögen in den Intervallen $[x_{i-1}, x_i]$ liegen für $i = 1, 2, \ldots, n$. Existiert der Grenzwert

$$\lim_{n \to \infty} \sum_{i=1}^{n} (x_i - x_{i-1}) \cdot f(\eta_i),$$

wobei die Punkte η_i beliebig im Intervall $[x_{i-1}, x_i]$ gewählt werden und vorausgesetzt wird, dass $\lim_{n \to \infty} (x_i - x_{i-1}) = 0$ gilt für alle i, so nennt man ihn das bestimmte Integral der Funktion in den Grenzen von a bis b und schreibt dafür

$$\int_a^b f(x)\,dx .$$

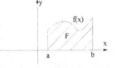

Das bestimmte Integral einer Funktion $f(x)$ in den Grenzen von a bis b entspricht dem Flächeninhalt jener Fäche, die durch die Funktion $f(x)$ über dem Intervall $[a, b]$ begrenzt wird.

Regel 157   Hauptsatz der Differential- und Integralrechnung

Es sei $f : [a, b] \to \mathbb{R}$ eine stetige Funktion und F eine Stammfunktion von f. Dann ist

$$\int_a^b f(x)\,dx = F(b) - F(a) .$$

Bemerkung: Ist G eine zweite Stammfunktion von F, so gilt mit einem geeigneten $c \in \mathbb{R}$: $F(b) - F(a) = G(b) + c - G(a) - c = G(b) - G(a)$.

Regel 158   Eigenschaften des bestimmten Integrals

Es sei $f : [a, b] \to \mathbb{R}$ eine integrierbare Funktion und $a < c < b$. Dann gelten die folgenden Regeln:

(a) $\displaystyle\int\limits_a^b f(x)\,dx = -\int\limits_b^a f(x)\,dx$

(b) $\displaystyle\int\limits_a^b f(x)\,dx = \int\limits_a^c f(x)\,dx + \int\limits_c^b f(x)\,dx$

(c) $\displaystyle\int\limits_a^a f(x)\,dx = 0$

Regel 159   Rotationskörper

Es sei $f(x)$ eine in $[a, b]$ definierte reellwertige Funktion und V_x das Volumen desjenigen Rotationskörpers, das bei Rotation der Kurve $y = f(x)$ um die x-Achse entsteht. Dann ist

$$V_x = \pi \cdot \int\limits_a^b f^2(x)\,dx,$$

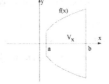

vorausgesetzt, die Funktion $f^2(x)$ ist über $[a, b]$ integrierbar.

Beispiel

Berechnen Sie das Volumen einer Kugel mit dem Radius r!

Lösung: Bei Rotation der Funktion

$$f(x) = +\sqrt{r^2 - x^2}$$

in den Grenzen von $-r$ bis $+r$ um die x – Achse entsteht die Kugel als Rotationskörper. Nach Regel 159 gilt nun:

$$V_x = \pi \cdot \int\limits_{-r}^r f^2(x)\,dx = \pi \cdot \int\limits_{-r}^r \left(r^2 - x^2\right)dx = \pi \cdot \left(r^2 \cdot x - \frac{x^3}{3}\right)\Bigg|_{-r}^{+r} = \frac{4}{3} \cdot \pi \cdot r^3.$$

Das Volumen der Kugel beträgt also $V_x = \dfrac{4}{3} \cdot \pi \cdot r^3$.

Regel 160   Bogenlänge einer Kurve

Ist $y = f(x)$ eine im Intervall $[a, b]$ differenzierbare Funktion und existiert das Integral

$$L = \int_a^b \sqrt{1 + f'(x)^2} \; dx \, ,$$

so ist L die Bogenlänge der Funktion $f(x)$ über $[a, b]$.

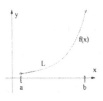

Beispiele

(1) Berechnen Sie die Bogenlänge der Funktion $f(x) = x$ über $[0, 1]$.

Lösung:

Es ist $f'(x) = 1$, also $\displaystyle\int_0^1 \sqrt{1+1} \; dx = \int_0^1 \sqrt{2} \; dx = \sqrt{2} \cdot x \Big|_0^1 = \sqrt{2}$.

Die Bogenlänge der Funktion $f(x) = x$ über dem Intervall $[0, 1]$ beträgt also $\sqrt{2}$.

(2) Berechnen Sie den Umfang eines Kreises mit dem Radius r!

Lösung:

Wir berechnen die Länge der Kurve $f(x) = +\sqrt{r^2 - x^2}$ in den Grenzen von $-r$ bis r und erhalten mit $\dfrac{U}{2}$ die Hälfte des Kreisumfanges.

Es ist $f'(x) = \dfrac{-x}{\sqrt{r^2 - x^2}}$, also $\left(f'(x)\right)^2 = \dfrac{x^2}{r^2 - x^2}$.

Somit ist

$$\frac{U}{2} = \int_{-r}^r \sqrt{1 + \left(f'(x)\right)^2} \; dx = \int_{-r}^r \sqrt{1 + \frac{x^2}{r^2 - x^2}} \; dx = \int_{-r}^r \sqrt{\frac{r^2}{r^2 - x^2}} \; dx = r \cdot \arcsin \frac{x}{r} \Big|_{-r}^{+r} = \pi \cdot r$$

Der Kreisumfang beträgt folglich $2 \cdot \pi \cdot r$.

Regel 161 Das uneigentliche Integral

Die Funktion $f(x)$ sei in jedem Intervall $[a, c] \subset \mathbb{R}$ mit $c > a$ definiert und integrierbar. Existiert der Grenzwert

$$\lim_{t \to \infty} \int_a^t f(x)\,dx,$$

so nennt man ihn uneigentliches Integral.

Die Fläche unter der Kurve ist unendlich lang, hat aber einen endlichen Flächeninhalt.

Beispiele

(1) Man betrachte die Funktion $f(x) = \dfrac{1}{x^4}$ und berechne $\lim\limits_{t \to \infty} \int\limits_1^t \dfrac{1}{x^4}\,dx$.

Lösung:

$$\lim_{t \to \infty} \int_1^t f(x)\,dx = \lim_{t \to \infty} \frac{x^{-3}}{-3} \bigg|_1^t = \lim_{t \to \infty} \left(\frac{1}{-3 \cdot t^3} + \frac{1}{3} \right) = \frac{1}{3}$$

(2) Man betrachte die Funktion $f(x) = \dfrac{1}{x}$ und berechne $\lim\limits_{t \to \infty} \int\limits_1^t \dfrac{1}{x}\,dx$.

Lösung:

$$\lim_{t \to \infty} \int_1^t f(x)\,dx = \lim_{t \to \infty} \int_1^t \frac{1}{x}\,dx = \lim_{t \to \infty} (\ln t - \ln 1) = \infty .$$ Das uneigentliche Integral existiert nicht.

15.3 Numerische Integration

Regel 162   Trapezregel

(a) **Trapezregel:**

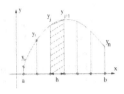

Es sei $f : [a, b] \to \mathbb{R}$ eine integrierbare Funktion und

$$x_0 = a, \quad x_1 = a + h, \quad x_2 = a + 2h, \ldots\ldots, \quad , \quad x_n = b = a + n \cdot h$$

eine gleichmäßige Unterteilung von $[a, b]$ in n Intervalle der Länge $h = \dfrac{b-a}{n}$.

Dann ist

$$\int\limits_a^b f(x)\, dx \approx F(h) = h \cdot \left(\frac{1}{2} \cdot y_0 + y_1 + \ldots\ldots + y_{n-1} + \frac{1}{2} \cdot y_n \right),$$

wobei

$$y_j = f(a + j \cdot h) \quad \text{für } j = 0, 1, 2, \ldots, n \text{ gilt.}$$

(b) **Fehlerabschätzung:**

Ist die Funktion $f(x)$ zweimal differenzierbar und $W \geq \left| f^{(2)}(x) \right|$ für alle $x \in [a, b]$, so ist

$$\left| \int\limits_a^b f(x)\, dx - F(h) \right| \leq \frac{b-a}{12} \cdot h^2 \cdot W.$$

Der Näherungswert $F(h)$ ist in dieser Regel abhängig von der Größe h.

Beispiel

Rechnen Sie mit $h = \frac{1}{4}$ und ermitteln Sie die Ergebnisse auf zwei Nachkommastellen genau !

(a) Bestimmen Sie $\int\limits_{0}^{2} x^2 \, dx$ nach der Trapezregel.

(b) Führen Sie eine Fehlerabschätzung durch.

(c) Ermitteln Sie den genauen Fehler, der in (a) aufgetreten ist!

Lösung:

(a) Es ist $\int\limits_{0}^{2} x^2 \, dx \approx F\left(\frac{1}{4}\right) = \frac{1}{4} \cdot \left(0 + \frac{1}{16} + \frac{1}{4} + \frac{9}{16} + 1 + \frac{25}{16} + \frac{36}{16} + \frac{49}{16} + \frac{32}{16}\right)$

$$= \frac{1}{4} \cdot \left(0 + \frac{1}{16} + \frac{4}{16} + \frac{9}{16} + \frac{16}{16} + \frac{25}{16} + \frac{36}{16} + \frac{49}{16} + \frac{32}{16}\right)$$

$$= \frac{1}{4} \cdot \frac{172}{16} = 2{,}688$$

Das Ergebnis beträgt auf zwei Nachkommastellen genau 2,69.

(b) Für $f(x) = x^2$ ist $f^{(2)}(x) = 2$. Mit $W = 2$ erhält man

$$\left| \int\limits_{0}^{2} x^2 \, dx - F(h) \right| \leq \frac{2}{12} \cdot \frac{1}{4^2} \cdot 2 = 0{,}021 .$$

Die Fehlerabschätzung beträgt auf zwei Stellen genau 0,02.

(c) $\left| \int\limits_{0}^{2} x^2 \, dx - 2{,}688 \right| \leq \left| 2{,}667 - 2{,}688 \right| = 0{,}021 .$

Auf zwei Nachkommastellen genau liegt der Fehler bei 0,02.

Regel 163   Keplersche Fassregel

(a) Keplersche Fassregel:

Es sei $f : [a, b] \to \mathbb{R}$ eine integrierbare Funktion. Dann ist

$$\int_a^b f(x)\,dx \approx F = \frac{b-a}{6} \cdot \left(f(a) + 4 \cdot f\left(\frac{a+b}{2}\right) + f(b) \right).$$

(b) Fehlerabschätzung:

Ist die Funktion f viermal differenzierbar und $W \geq \left| f^{(4)}(x) \right|$ für alle $x \in [a, b]$, so gilt

$$\left| \int_a^b f(x)\,dx - F \right| \leq \frac{(b-a)^5}{2880} \cdot W.$$

Beispiel

(a) Berechnen Sie $\int_1^3 \left(x^3 + x\right) dx$ nach der Keplerschen Fassregel !

(b) Führen Sie eine Fehlerabschätzung durch !

Lösung:

(a) Es ist $\int_1^3 \left(x^3 + x\right) dx \approx F = \frac{(3-1)}{6} \cdot (2 + 4 \cdot 10 + 30) = \frac{1}{3} \cdot 72 = 24$.

(b) Für $f(x) = x^3 + x$ ist $f^{(4)}(x) = 0$ für alle $x \in [1, 3]$. Somit beträgt der Fehler exakt 0.

16. Grundlagen Numerik

In diesem Kapitel werden Nullstellen einer Funktion f(x) berechnet sowie das *Horner Schema* vorgestellt, mit dem ein Polynomwert an einer Stelle x_0 ermittelt werden kann. Die *Näherungsverfahren* gehen dabei jeweils von einem Anfangswert aus, der verbessert wird. Solche Anfangspunkte können z. B. graphisch ermittelt werden. Eine bekannte ökonomische Anwendung ist die Berechnung des Break-even-Punktes, bei der die Nullstelle der Gewinnfunktion $G(x) = E(x) - K(x)$ berechnet wird. Auch in der Finanzmathematik sind solche Berechnungen erforderlich.

16.1 Horner Schema

Regel 164 Das Horner Schema

Für ein Polynom n-ten Grades $P(x) = a_0 + a_1 \cdot x + a_2 \cdot x^2 + \ldots + a_n \cdot x^n$ wird der Wert $P(x_0)$ an der Stelle $x_0 \in \mathbb{R}$ durch folgendes Schema berechnet:

a_n	a_{n-1}	a_{n-2}	a_0
-	$a_n \cdot x_0$	$(a_n \cdot x_0 + a_{n-1}) \cdot x_0$	
a_n	$a_n \cdot x_0 + a_{n-1}$	$a_n \cdot x_0^2 + a_{n-1} \cdot x_0 + a_{n-2}$	$P(x_0)$

In die oberste Zeile des Schemas werden die Koeffizienten $a_n, a_{n-1}, a_{n-2}, \ldots, a_0$ eingetragen. Nun wird a_n in der dritten Zeile der ersten Spalte notiert, mit x_0 multipliziert und das Ergebnis in die zweite Zeile der zweiten Spalte eingetragen. Anschließend wird a_{n-1} addiert und das Ergebnis in die dritte Zeile der zweiten Spalte eingetragen. Dieser Vorgang wiederholt sich solange mit den entsprechenden Koeffizienten, bis der Wert a_0 addiert und $P(x_0)$ berechnet ist.

Bemerkung:

Ist $h(x) = \dfrac{p(x)}{g(x)}$ ein Quotient zweier Polynome, so lässt sich der Wert $h(x_0)$ an der Stelle $x_0 \in \mathbb{R}$ durch zwei getrennte Schemata berechnen, voraus- gesetzt, dass $g(x_0) \neq 0$ gilt.

Beispiel

Berechnen Sie den Wert des Polynomes

$$f(x) = x^4 + x^3 + x^2 + 1$$

an der Stelle $x_0 = 0{,}5$!

Lösung:
Das aufzustellende Schema lautet:

1	1	1	0	1
-	0,5	0,75	0,875	0,4375
1	1,5	1,75	0,875	1,4375

Der Wert des Polynomes an der Stelle $x_0 = 0{,}5$ beträgt 1,4375.

16.2 Näherungsverfahren

Regel 165   Tangentenverfahren nach Newton

Gegeben sei der Startwert x_0 zur Berechnung einer Nullstelle einer differenzierbaren Funktion $f: [a, b] \to \mathbb{R}$. Durch

$$x_n = x_{n-1} - \frac{f(x_{n-1})}{f'(x_{n-1})}$$

wird für $n \geq 1$ eine Folge von Näherungswerten für die gesuchte Nullstelle beschrieben. Bei $f'(x_{n-1}) = 0$ erfolgt der Abbruch des Verfahrens.

Konvergenzkriterium:
Liegen alle Näherungswerte im Intervall $[a, b]$ und gilt dort die Bedingung

$$|f(x) \cdot f''(x)| < (f'(x))^2,$$

so konvergiert die Folge der x_n gegen eine Nullstelle der Funktion f.

Geometrische Erläuterung:
Im Punkt $(x_0, f(x_0))$ wird die Tangente an die Funktion $f(x)$ gelegt; der Schnittpunkt der Tangente mit der x-Achse ist nun x_1. Anschließend wird die Tangente im Punkt $(x_1, f(x_1))$ an $f(x)$ gelegt und man erhält den Schnittpunkt x_2 mit der x-Achse.

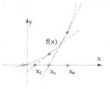

Beispiel

Gegeben sei die Funktion $f(x) = x^3 + x^2 - x - 1$. Berechnen Sie ausgehend vom Startwert $x_0 = 2$ die Werte x_1, x_2 und x_3 !

Lösung: Es ist $f'(x) = 3 \cdot x^2 + 2 \cdot x - 1$. Somit gilt:

(a) $x_1 = x_0 - \dfrac{f(x_0)}{f'(x_0)} = 2 - \dfrac{9}{15} = 1{,}4$,

(b) $x_2 = x_1 - \dfrac{f(x_1)}{f'(x_1)} = 1{,}4 - \dfrac{1{,}4^3 + 1{,}4^2 - 1{,}4 - 1}{3 \cdot 1{,}4^2 + 2 \cdot 1{,}4 - 1} = 1{,}4 - \dfrac{2{,}304}{7{,}68} = 1{,}1$,

(c) $x_3 = x_2 - \dfrac{f(x_2)}{f'(x_2)} = 1{,}1 - \dfrac{1{,}1^3 + 1{,}1^2 - 1{,}1 - 1}{3 \cdot 1{,}1^2 + 2 \cdot 1{,}1 - 1} = 1{,}1 - \dfrac{0{,}441}{4{,}83} = 1{,}009.$

Die Folge der Näherungswerte lautet also: $x_1 = 1{,}4$ $x_2 = 1{,}1$ $x_3 = 1{,}009$.

Regel 166 Allgemeines Iterationsverfahren

Die Funktion $f(x) = g(x) - x$ sei stetig differenzierbar in $I = [a, b]$ und es sei $x_0 \in I$. Gilt $g(I) \subseteq I$ und $|g'(x)| \leq k < 1$ für alle $x \in [a, b]$ so konvergiert die Folge

$$x_{n+1} = g(x_n) \text{ für } n \geq 1$$

gegen einen Fixpunkt x_F der Funktion $g(x)$:

$$g(x_F) = x_F$$

Dieser Fixpunkt der Funktion g ist eine Nullstelle der Funktion f:

$$f(x_F) = g(x_f) - x_F = x_F - x_F = 0.$$

Beispiel

Die Funktion

$$f(x) = \frac{1}{6} \cdot (e^x + 3 \cdot x) - x$$

hat eine Nullstelle im Intervall $[0, 1]$.

Begründung: Die Funktion $f(x)$ ist stetig differenzierbar mit der Ableitung

$$f'(x) = \frac{1}{6} \cdot (e^x + 3) - 1 = \frac{1}{6} \cdot e^x - \frac{1}{2}.$$

Man setzt nun

$$g(x) = \frac{1}{6} \cdot (e^x + 3 \cdot x) \text{ für } x \in [0, 1].$$

Dann ist

$$g(0) = \frac{1}{6} \cdot (1 + 0) = \frac{1}{6} \qquad \text{und} \qquad g(1) = \frac{1}{6} \cdot (e + 3) \leq \frac{1}{6} (3 + 3) = 1.$$

Die Funktion $g(x)$ ist streng monoton wachsend, deswegen folgt jetzt $g[0, 1] \subseteq [0, 1]$. Nun ist

$$0 \leq g'(x) = \frac{1}{6} \cdot (e^x + 3) < \frac{1}{6} \cdot (2{,}8 + 3) = 0{,}967 < 1$$

für alle

$$x \in [0, 1].$$

Also hat die Funktion $g(x)$ einen Fixpunkt und somit die Funktion $f(x)$ eine Nullstelle nach dem allgemeinen Iterationsverfahren.

Regel 167   Regula Falsi

Gegeben seien zwei Startwerte x_1 und x_2 zur Berechnung einer Nullstelle einer stetigen Funktion f mit $f(x_1) \cdot f(x_2) < 0$. Durch

$$x_3 = x_2 - f(x_2) \cdot \frac{x_2 - x_1}{f(x_2) - f(x_1)}$$

wird eine Näherung $x_3 \in (x_1, x_2)$ definiert und das Verfahren folgendermaßen fortgesetzt:

(a) Ist $f(x_1) \cdot f(x_3) < 0$, so sind x_1, x_3 die neuen Startwerte;

(b) ist $f(x_2) \cdot f(x_3) < 0$, so sind x_2, x_3 die neuen Startwerte.

Geometrische Erläuterung:
Man zieht die Sekante durch $(x_1, f(x_1))$ und $(x_2, f(x_2))$ und erhält einen Näherungswert x_3.
In der nebenstehenden Zeichnung wird dann mit den Startwerten x_1, x_3 fortgefahren.

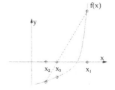

Beispiel

Gegeben sei die Gewinnfunktion $g(x) = x^3 + x - 1.000$. im Intervall $[0, 50]$. Berechnen Sie eine erste Näherung x_3 für eine Nullstelle von $f(x)$ ausgehend von den Startwerten $x_1 = 9,8$ und $x_2 = 10$.

Lösung:

Es ist

$$g(x_1) = 9,8^3 + 9,8 - 1.000 = 941,192 + 9,8 - 1.000 = -49,008$$

und

$$g(x_2) = 10^3 + 10 - 1.000 = 10.$$

Die Regula Falsi ist also anwendbar und wir erhalten:

$$x_3 = 10 - 10 \cdot \frac{10 - 9,8}{59,008} = 10 - 0,034 = 9,966.$$

Also folgt

$$g(x_3) = 9,966^3 + 9,966 - 1.000 = 989,835 + 9,966 - 1.000 = -0,199.$$

Der Wert $x_3 = 9,966$ stellt eine Näherung dar und die Gewinnfunktion $g(x)$ hat an dieser Stelle den Wert $-0,199$.

17. Finanzmathematik

Themen der Finanzmathematik sind u.a. die *Tilgungsrechnung, Rentenversicherungsmathematik* sowie *Sterbetafeln* und ihre Auswertung. Ein aufgenommener Kredit lässt sich z. B. zurückzahlen, indem ein konstanter Betrag jährlich aus Tilgung und Zinsen beglichen wird. Es besteht aber auch die Möglichkeit, beim Begleichen des Kredites in den ersten Jahren höhere Rückzahlungen zu leisten. In der Rentenrechnung werden über eine gewisse Zeit Einzahlungen zu bestimmten Zeitpunkten geleistet. Zu berechnen ist dann der Endwert der Einzahlungen am Ende der Periode und ihr Barwert zum Zeitpunkt 0.

17.1 Zinseszins

Bezeichnungen

Anfangskapital:	K
Zinsfuß:	p
Laufzeit:	t
Endkapital:	E

Regel 168 Aufzinsung von Kapitalien

Das Endkapital E ergibt sich mit obigen Bezeichnungen bei Berücksichtigung von Zinseszins durch die Formel

$$E = K \cdot \left(1 + \frac{p}{100}\right)^t.$$

Beispiel

Ein Sparer legt einen Betrag von 10.000 € 3 Jahre zu 6% an. Welchen Betrag erhält er nach 3 Jahren ausgezahlt?

Lösung:

$$E = 10.000 \cdot \left(1 + \frac{6}{100}\right)^3 = 10.000 \cdot 1{,}06^3 = 11.910{,}16$$

Der Sparer erhält nach 6 Jahren 11.910,16 € ausgezahlt.

Regel 169 Abzinsung von Kapitalien

Das Anfangskapital K ergibt sich mit obigen Bezeichnungen durch

$$K = \frac{E}{\left(1 + \dfrac{p}{100}\right)^t} \, .$$

Beispiel

Ein Kapital K wird drei Jahre zu 5% verzinst und hat dann einen Wert von 15.000 €. Berechnen Sie K!

Lösung:

$$K = \frac{15.000}{\left(1 + \dfrac{5}{100}\right)^3} = \frac{15.000}{1{,}05^3} = 12.957{,}56$$

Das Kapital beträgt 12.957,56 €.

Regel 170 Ermittlung der Laufzeit

Die Laufzeit t ergibt sich bei obigen Bezeichnungen durch die Formel

$$t = \frac{\log E - \log K}{\log\left(1 + \dfrac{p}{100}\right)} \, .$$

Beispiel

In welcher Zeit verdreifacht sich eine Schuld K bei einem Zinsfuß von 10%? Runden Sie das Ergebnis auf volle Jahr auf!

Lösung:

Es ist E = 3K. Man erhält daher

$$t = \frac{\log 3}{\log 1{,}1} = \frac{0{,}4771}{0{,}0414} = 11{,}52 \, .$$

Die Schuld verdreifacht sich in 12 Jahren.

17.2 Tilgung von Darlehen

Bezeichnungen

Darlehen:	D
Zins am Ende des i-ten Jahres:	Z_i
Tilgung am Ende des i-ten Jahres:	T_i
Restschuld am Ende des i-ten-Jahres:	D_i
Zinsfuß:	p
Zinsfaktor:	$u = 1 + \dfrac{p}{100}$

Regel 171   Annuitätentilgung

Bei der Annuitätentilgung wird ein Betrag so getilgt, dass die Belastung aus Tilgung und Zins konstant bleibt.

(a) Tilgung am Ende des i-ten Jahres:

$$T_i = T_1 \cdot \left(1 + \frac{p}{100}\right)^{i-1} = T_1 \cdot u^{i-1}$$

(b) Restschuld am Ende des i-ten Jahres:

$$D_i = D - T_1 \cdot \frac{u^i - 1}{u - 1}$$

Beispiel

Ein Kredit von D = 100.000 € wird jährlich mit 6% verzinst, wobei eine konstante Summe von 15.000 € pro Jahr zurückgezahlt wird.

(a) Stellen Sie einen Rückzahlungsplan auf und rechnen Sie den Plan mit einem Taschenrechner bis zum Ende des dritten Jahres durch. Ermitteln Sie für jedes Jahr Zins, Tilgung und Restschuld!

(b) Überprüfen Sie die Ergebnisse für das 3. Jahr mit obigen Formeln!

Lösung:

(a) Wir stellen den Tilgungsplan in Tabellenform auf:

Jahr	Kredit	Zins	Tilgung
1	100.000,00 €	6.000,00 €	9.000,00 €
2	91.000,00 €	5.460,00 €	9.540,00 €
3	81.460,00 €	4.887,60 €	10.112,40 €
4	71.347,60 €	-----------------------	-----------------------

Tabelle 8: Annuitätentilgung

(b) **Berechnung der Tilgung am Ende des dritten Jahres:**

$$T_3 = 9.000 \cdot (1 + 0,06)^2 = 9.000 \cdot 1,06^2 = 10.112,4$$

Tilgungsplan und Formelrechnung ergeben einen Betrag von 10.112,40 €.

Berechnung der Restschuld am Ende des dritten Jahres:

$$D_3 = 100.000 - 9.000 \cdot \frac{1,06^3 - 1}{1,06 - 1} = 100.000 - 9.000 \cdot \frac{0,19}{0,06} = 71.347,60$$

Tilgungsplan und Darlehen ergeben einen Betrag von 71.347,60 €.

Regel 172 Ratentilgung

Bei der Ratentilgung wird mit konstanter Tilgung gearbeitet; die Zinsen sind daher im ersten Jahr am höchsten und fallen dann kontinuierlich ab. Für die Größen T_i, Z_i, D_i gelten dann bei einer Gesamtlaufzeit von t Jahren die folgenden Formeln:

(a) **Tilgung am Ende des i-ten Jahres** :

$$T_i = \frac{D}{t}$$

(b) **Schuld am Ende des i-ten Jahres:**

$$D_i = D - i \cdot \frac{D}{t}$$

(c) **Zins für das i-te Jahr:**

$$Z_i = \frac{p}{100} \cdot D \cdot \left(1 - \frac{i-1}{t}\right)$$

Beispiele

(1) Zur Finanzierung einer Ausbildung erhalten wir einen Kredit in Höhe von 20.000 €, der in 10 konstanten Jahresraten getilgt wird, Zinsfuß 5%. Erläutern Sie die Rückzahlung in den ersten drei Jahren!

Lösung:

(a) Die jährliche Tilgung beträgt 2.000 €.

(b) Restschuld am Ende des ersten Jahres: 18.000 €

     Restschuld am Ende des zweiten Jahres: 16.000 €

     Restschuld am Ende des dritten Jahres: 14.000 €

(c) Zins für das erste Jahr:

$$Z_1 = \frac{5}{100} \cdot 20.0000 = 1.000$$

Zins für das zweite Jahr:

$$Z_2 = \frac{5}{100} \cdot 20.0000 \cdot \left(1 - \frac{2-1}{10}\right) = 900$$

Zins für das dritte Jahr:

$$Z_3 = \frac{5}{100} \cdot 20.0000 \cdot \left(1 - \frac{3-1}{10}\right) = 800$$

Die Zinsen in den ersten drei Jahren betragen folglich 1000 €, 900 € und 800 €.

(2) Alle Daten aus **(1)** bleiben unverändert, nur sind im dritten Jahr jetzt 6% Zinsen zurückzuzahlen. Wie hoch sind die Zinsen im dritten Jahr nun?

Lösung:

Zu Beginn des dritten Jahres beträgt die Restschuld 16.000 €. Somit fallen nun 960 € Zins an.

17.3 Versicherungsmathematik

17.3.1 Vor- und nachschüssige Renten

Bezeichnungen

konstanter Einzahlungsbetrag:	R
Laufzeit in Jahren:	t
Zinsfuß:	p
Zinsfaktor:	$u = 1 + \dfrac{p}{100}$
Endwert der Einzahlungen zum Zeitpunkt t:	R_t
Barwert der Einzahlungen zum Zeitpunkt 0:	B

Regel 173 Vorschüssige Renten

Bei vorschüssigen Renten wird der Betrag R t-mal am Jahresanfang (vorschüssig) eingezahlt.

(a) Endwert der Einzahlungen zum Zeitpunkt t:

Die eingezahlten Beträge werden auf den Zeitpunkt t aufgezinst:

$$\begin{aligned}
R_t &= R \cdot u + R \cdot u^2 + \ldots + R \cdot u^t \\
&= R \cdot u \cdot \left(1 + u + u^2 + \ldots u^{t-1}\right) \\
&= R \cdot u \cdot \frac{u^t - 1}{u - 1}
\end{aligned}$$

(b) Barwert der Einzahlungen zum Zeitpunkt 0:

Um den Barwert B der Einzahlungen zum Zeitpunkt 0 zu erhalten, wird der Endwert R_t auf den Zeitpunkt 0 abgezinst:

$$B = \frac{R_t}{u^t} = \frac{R}{u^{t-1}} \cdot \frac{u^t - 1}{u - 1}$$

Beispiel

Ein Betrag von 10.000 € wird drei Jahre bei einem Zinsfuß von 5 % vorschüssig eingezahlt.

(a) Berechnen Sie den Endwert der Einzahlungen nach 3 Jahren.
(b) Berechnen Sie den Barwert der Einzahlungen zum Zeitpunkt 0.

Lösung:

(a) $R_3 = 10.000 \cdot 1{,}05 \cdot \dfrac{1{,}05^3 - 1}{1{,}05 - 1} = 33.101{,}25$

Der Endwert der Einzahlungen nach 3 Jahren beträgt also 33.101,25 €.

(b) $B = \dfrac{33.101{,}25}{1{,}05^3} = 28.594{,}10$

Der Barwert der Einzahlungen zum Zeitpunkt 0 beträgt somit 28.594,10 €.

Regel 174   Nachschüssige Renten

Bei nachschüssigen Renten wird der Betrag R t-mal am Jahresende (nachschüssig) eingezahlt.

(a) Endwert der Einzahlungen zum Zeitpunkt t:

Die eingezahlten Beträge werden auf den Zeitpunkt t aufgezinst:

$$R_t = R + R \cdot u + R \cdot u^2 + \ldots + R \cdot u^{t-1}$$
$$= R \cdot \left(1 + u + u^2 + \ldots + u^{t-1}\right)$$
$$= R \cdot \frac{u^t - 1}{u - 1}$$

(b) Barwert der Einzahlungen zum Zeitpunkt 0:

Um den Barwert B der Einzahlungen zum Zeitpunkt 0 zu erhalten, wird der Endwert R_t auf den Zeitpunkt 0 abgezinst:

$$B = \frac{R_t}{u^t} = \frac{R}{u^t} \cdot \frac{u^t - 1}{u - 1}$$

Beispiel

Ein Betrag von 10.000 € wird drei Jahre bei einem Zinsfuß von 10 % nachschüssig eingezahlt.

(a) Berechnen Sie den Endwert der Einzahlungen nach 3 Jahren !
(b) Berechnen Sie den Barwert der Einzahlungen zum Zeitpunkt 0 !

Lösung:

(a) $R_3 = 10.000 \cdot \dfrac{1{,}1^3 - 1}{1{,}1 - 1} = 33.100$

Der Endwert der Einzahlungen nach 3 Jahren beträgt also 33.100,00 €.

(b) $B = \dfrac{33.100{,}00}{1{,}1^3} = 24.868{,}52$

Der Barwert der Einzahlungen zum Zeitpunkt 0 beträgt somit 24.868,52 €.

17.3.2 Sterbetafeln

Sterbetafeln sind die Grundlage für Berechnungen in der Versicherungs-mathematik; sie beschreiben die Verteilung der Lebensdauern der männlichen und weiblichen Bevölkerung. Diese Tafeln werden jährlich vom statistischen Bundesamt in Wiesbaden veröffentlicht. Die folgende Tabelle zeigt einen Auszug aus einer Sterbetafel für das Jahr 2002 für die männliche Bevölkerung, Alter 0 bis 15 Jahre. Sie legt eine Population von 100.000 männlichen lebend Geborenen zugrunde.

Sterbetafel 2002, männliche Bevölkerung

Alter x	Überlebende im Alter x l_x	Sterbewahrscheinlichkeit im Alter x q_x
0	100.000	0,004562
1	99.544	0,0004039
2	99.504	0,0002013
3	99.484	0,0001824
4	99.465	0,0001341
5	99.452	0,0001369
6	99.438	0,0001655
7	99.427	0,0001235
8	99.415	0,0001189
9	99.403	0,0000936
10	99.393	0,0000940
11	99.384	0,0001445
12	99.370	0,0001306
13	99.357	0,0001297
14	99.344	0,0001845
15	99.320	0,0002359

Tabelle 9: Sterbetafel 2002

Quelle: Statistisches Bundesamt

Regel 175   Sterbetafelauswertung

Bei der Auswertung der Sterbetafeln arbeitet man mit folgenden Definitionen:

(a) x = Alter

(b) $l_x :=$ Anzahl Personen, die das Alter x erreichen und deren Lebensdauer unbestimmt ist.

(c) $d_x = l_x - l_{x+1} :=$ Anzahl Personen, die im Alter von x Jahren   versterben.

(d) $q_x = \dfrac{d_x}{l_x} :=$ Wahrscheinlichkeit, dass ein x-jähriger das Alter x+1 nicht erreicht.

Beispiel

Notieren Sie die Größen (a) bis (d) für einen 10-jährigen männlichen Bürger, der im Jahre 2002 geboren ist !

Lösung:

(a) x = 10

(b) $l_{10} = 99.393$

(c) $d_{10} = l_{10} - l_{11} = 99.393 - 99.384 = 9$

(d) $q_{10} = \dfrac{9}{99.393} = 0{,}00009$

Regel 176   Durchschnittliche Lebenserwartung

Die durchschnittliche Lebenserwartung eines x – jährigen beträgt

$$e_x = \frac{1}{2} + \frac{1}{l_x} \cdot \sum_{t=x+1}^{\omega} l_t \ ;$$

hierbei ist ω das Endalter in der Sterbetafel.

17.4 Betriebliche Kennzahlen

Im Folgenden werden einige betriebliche Kennzahlen aufgelistet; die Kennzahlen sind bei der Analyse von Bilanzen von Bedeutung.

Regel 177 Betriebliche Kennzahlen

(a) **Liquiditätskennzahlen:** Diese Kennzahlen beziehen sich auf die Zahlungsfähigkeit eines Unternehmens. Man unterscheidet kurzfristige Liquidität (1. Grad), mittelfristige Liquidität (2. Grad) und langfristige Liquidität (3.Grad).

$$\text{Liquidität 1. Grades} = \frac{\text{Zahlungsmittel}}{\text{kurzfr. Verbindlichkeiten}} \cdot 100$$

$$\text{Liquidität 2. Grades} = \frac{\text{kurzfristige Forderungen} + \text{Zahlungsmittel}}{\text{kurzfr. Verbindlichkeiten}} \cdot 100$$

$$\text{Liquidität 3. Grades} = \frac{\text{Vorräte} + \text{kurzfr. Forderungen} + \text{Zahlungsmittel}}{\text{kurzfr. Verbindlichkeiten}} \cdot 100$$

Eine Liquidität ersten Grades von 100 % bedeutet also, das die Zahlungsmittel den kurzfristigen Verbindlichkeiten entsprechen.

(b) **Kennzahlen zur Kapitalstruktur:** Die Kennzahlen zur Kapitalstruktur zeigen u. a. auf, mit welchem Prozentsatz ein Unternehmen aus eigenen Mitteln finanziert ist (Eigenkapitalquote). Beim statischen Verschuldungsgrad wird das Fremdkapital ins Verhältnis zum Eigenkapital gesetzt, beim dynamischen Verschuldungsgrad das Fremdkapital ins Verhältnis zum Cash-Flow.

$$\text{Eigenkapitalquote} = \frac{\text{Eigenkapital}}{\text{Gesamtkapital}} \cdot 100$$

$$\text{statischer Verschuldungsgrad} = \frac{\text{Fremdkapital}}{\text{Eigenkapital}} \cdot 100$$

$$\text{dynamischer Verschuldungsgrad} = \frac{\text{Fremdkapital}}{\text{Cashflow}} \cdot 100$$

Ein statischer Verschuldungsgrad von 100 % bedeutet also, dass das Fremdkapital gleich Eigenkapital ist.

(c) **Rentabilitätskennzahlen:** Das Verhältnis von Gewinn zu Kapitaleinsatz oder Umsatz nennt man Rentabilität. Bei der Kapitalrentabilität unterscheidet man Eigenkapitalrentabilität und Gesamtkapitalrentabilität.

$$\text{Eigenkapitalrentabilität} = \frac{\text{Gewinn}}{\text{Eigenkapital}} \cdot 100$$

$$\text{Gesamtkapitalrentabilität} = \frac{\text{Fremdkapitalzins} + \text{Gewinn}}{\text{Gesamtkapital}} \cdot 100$$

$$\text{Umsatzrentabilität} = \frac{\text{Gewinn}}{\text{Umsatz}} \cdot 100$$

Eine Eigenkapitalrentabilität von 10 % bedeutet, dass das Eigenkapital das Zehnfache des Gewinnes beträgt.

(d) **Intensitätskennzahlen:** Die Intensitätskennzahlen Anlagenintensität, Forderungsintensität und Vorratsintensität setzen die entsprechenden Größen ins Verhältnis zum Gesamtvermögen.

$$\text{Anlagenintensität} = \frac{\text{Anlagevermögen}}{\text{Gesamtvermögen}} \cdot 100$$

$$\text{Forderungsintensität} = \frac{\text{Warenforderungen}}{\text{Gesamtvermögen}} \cdot 100$$

$$\text{Vorratsintensität} = \frac{\text{Vorräte}}{\text{Gesamtvermögen}} \cdot 100$$

Eine Anlagenintensität von 50 % bedeutet, dass die Hälfte des Gesamtvermögens dem Anlagevermögen zuzurechnen ist.

(e) **Kennzahlen zum Deckungsgrad**: Anlagevermögen stellt langfristig gebundenes Kapital dar. Deckungsgrad A und Deckungsgrad B setzen Eigenkapital bzw. Eigenkapital + langfristiges Fremdkapital ins Verhältnis zum Anlagevermögen.

$$\text{Deckungsgrad A} = \frac{\text{Eigenkapital}}{\text{Anlagevermögen}} \cdot 100$$

$$\text{Deckungsgrad B} = \frac{\text{Eigenkapital} + \text{langfr. Fremdkapital}}{\text{Anlagevermögen}} \cdot 100$$

Ein Deckungsgrad A von 50% bedeutet, dass das Anlagevermögen zu 50% durch Eigenkapital gedeckt ist.

(f) **Return on Investment (ROI)**: Der ROI ist ein Maß für die Rentabilität des Kapitaleinsatzes.

$$\text{ROI} = \frac{\text{Gewinn}}{\text{investiertes Kapital}} \cdot 100$$

Gilt ROI = 20 %, so bedeutet dies, dass das investierte Kapital fünf Mal so groß ist wie der Gewinn.

Beispiel

(a) Berechnen Sie die Liquidität 1.Grades bei Zahlungsmitteln in Höhe von 1.000.000 € und kurzfristigen Verbindlichkeiten in Höhe von 1.250.000 € !

(b) Berechnen Sie die Eigenkapitalquote bei einem Eigenkapital von 500.000 € und einem Gesamtkapital von 1.000.000 € !

(c) Bestimmen Sie die Eigenkapitalrentabilität bei einem Gewinn von 20.000 € und einem Eigenkapital von 100.000 € !

(d) Berechnen Sie die Anlagenintensität bei einem Gesamtvermögen von 100.000.000 € und einem Anlagevermögen von 60.000.000 € !

(e) Berechnen Sie den Deckungsgrad A bei einem Eigenkapital von 80.000.000 € und einem Anlagevermögen von 60.000.000 € !

(f) Berechnen Sie den ROI bei einem Gewinn von 1.000.000 € und einem investierten Kapital von 2.000.000 € !

Lösung:

(a) Liquidität 1. Grades $= \dfrac{1.000.000}{1.250.000} \cdot 100 = 80$ Die Liquidität 1.Grades liegt bei 80 %.

(b) Eigenkapitalquote $= \dfrac{500.000}{1.000.000} \cdot 100 = 50$ Die Eigenkapitalquote beträgt 50%.

(c) Eigenkapitalrentabilität $= \dfrac{20.000}{100.000} \cdot 100 = 20$ Die Eigenkapitalrentabilität beträgt 20%.

(d) Anlagenintensität $= \dfrac{60.000.000}{100.000.000} \cdot 100 = 60$ Die Anlagenintensität beträgt 60 %.

(e) Deckungsgrad A $= \dfrac{80.000.000}{60.000.000} \cdot 100 = 133$ Der Deckungsrad A beträgt 133 %.

(f) ROI $= \dfrac{1.000.000}{2.000.000} \cdot 100 = 50$ Der ROI beträgt 50 %.

18. Statistik

Statistische Verfahren sind elementarer Bestandteil vieler Wissenschaften wie Medizin, Biologie und Ökonomie. In der *deskriptiven (beschreibenden) Statistik* wird überwiegend mit Tabellen und Diagrammen gearbeitet; in der *induktiven (schließenden) Statistik* mit Schätzverfahren und statistischen Tests. Die in der Statistik formulierten Hypothesen beziehen sich in der Regel auf eine große Menge von Individuen und Objekten. Aus Kosten- bzw. Zeitgründen ist es somit meist nicht realisierbar, sämtliche Objekte zu untersuchen; man erfasst Daten von einem Teil der Gesamtheit (Stichprobe) und schließt auf die Gesamtheit. Die betriebliche Statistik ist Teil des Rechnungswesens und beinhaltet z. B. die Umsatz- und Kostenstatistik. Das Bundesamt für Statistik in Wiesbaden ist die bekannteste Behörde, die sich mit statistischen Fragestellungen beschäftigt.

18.1 Grundbegriffe der Statistik

Regel 178 Definitionen

(a) Zufallsexperiment:

Ein Experiment, welches mehrere sich ausschließende Ergebnisse hat und sich beliebig oft durchführen lässt, heißt Zufallsexperiment; das Ergebnis eines Zufallsexperimentes ist nicht vorhersagbar.

(b) Elementarereignis und Ergebnismenge:

Bezeichnet man mit e_i die Elementarereignisse eines Zufallsexperimentes, so ist

$$\Omega = \left\{ e_1, e_2, e_3 \ldots \right\} \text{ die Ergebnismenge } \Omega.$$

Bemerkung : Die Elementarereignisse schließen sich gegenseitig aus.

(c) Der Ereignisraum:

Die Menge der Teilmengen der Ergebnismenge Ω bezeichnet man als Ereignisraum $P(\Omega)$:

$$P(\Omega) = \left\{ X \mid X \subseteq \Omega \right\}$$

Jedes Element von $P(\Omega)$ ist ein Ereignis des Zufallexperimentes.

(d) Absolute und relative Häufigkeit:

Ein Zufallsexperiment werde n-mal durchgeführt. Tritt das Ereignis x genau k-mal auf, so definiert man

absolute Häufigkeit: $n(x) = k$

relative Häufigkeit: $h(x) = \dfrac{n(x)}{n}$.

(e) Rechenregeln für relative Häufigkeiten:

Für die relative Häufigkeit eines Ereignisses x gilt
$$0 \le h(x) \le 1 ;$$
sind A, B einander ausschließende Ereignisse, so ist
$$h(A \cup B) = h(A) + h(B) .$$

(f) Grundgesamtheit:

Wird eine Gesamtheit gleichartiger Objekte bezüglich eines Merkmals untersucht, so spricht man von einer Grundgesamtheit.

(g) Stichprobe:

Wählt man aus einer Grundgesamtheit zufällig n Elemente aus, so spricht man von einer Stichprobe vom Umfang n.

(h) Merkmale:

Man unterscheidet quantitative (metrische) und qualitative (nicht metrische) Merkmale. Zensuren sind qualitativ, das Alter ist quantitativ. Desgleichen unterscheidet man diskrete und stetige Merkmale. Diskrete Merkmale nehmen höchstens abzählbar viele Werte an, stetige Merkmale können alle Werte innerhalb eines Intervalls annehmen. Die Zahl der gewürfelten Einsen bei einhundertmaligem Werfen eines Würfels ist ein diskretes Merkmal; die Länge eines Mikadostabes ist ein stetiges Merkmal.

Beispiel: Würfelwurf

(a) Der Würfelwurf ist ein Zufallsexperiment.

(b) Die Elementarereignisse des Experimentes lauten 1, 2, 3, 4, 5, 6.

Die Ergebnismenge des Experimentes lautet $\Omega = \{1, 2, 3, 4, 5, 6\}$.

(c) Der Ereignisraum des Experimentes ist

$$\{X \mid X \subseteq \{1, 2, 3, 4, 5, 6\}\} \ .$$

(d) Ein Würfel wird 100-mal geworfen. Die Ergebnisse sind in folgender Tabelle festgehalten:

1	2	3	4	5	6
16	14	15	20	15	20

Tabelle 10: Würfelwurf

Die relativen Häufigkeiten betragen dann

$$h(1) = \frac{16}{100} \ , \qquad h(2) = \frac{14}{100} \ , \qquad h(3) = \frac{15}{100} \ ,$$

$$h(4) = \frac{20}{100} \ , \qquad h(5) = \frac{15}{100} \ , \qquad h(6) = \frac{20}{100} \ .$$

18.2 Statistische Kennzahlen

Regel 179   Statistische Kennzahlen bzgl. eines Merkmales

Gegeben sei eine Messreihe $x_1, x_2, x_3, \ldots, x_n$ von n Messwerten bezüglich eines Merkmales X. Man definiert:

(a) Das arithemische Mittel:

Das arithmetische Mittel repräsentiert einen Durchschnittswert:

$$\bar{x} = \frac{\sum_{i=1}^{n} x_i}{n}$$

(b) Der Median:

Vorausgesetzt wird, dass die gegebene Messreihe aufsteigend geordnet ist. Der Median x_m teilt die Stichprobe in zwei Hälften, hierbei ist eine Hälfte der Daten mindestens so groß wie der Median, die andere Hälfte höchstens so groß.

n ungerade $\Rightarrow x_m = x_{\frac{n+1}{2}}$

n gerade $\quad \Rightarrow x_m = \frac{1}{2} \cdot x_{\frac{n}{2}} + \frac{1}{2} \cdot x_{\left(\frac{n}{2}+1\right)}$

(c) Der Modus:

Der Modus D einer Messreihe ist der Wert mit der größten Häufigkeit.

(d) Die Varianz:

Ist $\bar{x}$ das arithmetische Mittel der Messreihe, so bezeichnet der Ausdruck

$$\sigma^2 = \text{Var}(X) = \frac{1}{n-1} \cdot \sum_{i=1}^{n} \left(x_i - \bar{x}\right)^2 = \frac{\sum_{i=1}^{n} x_i^2 - n \cdot \bar{x}^2}{n-1}$$

die Varianz; sie stellt eine gewogene Summe der Abweichungsquadrate vom arithmetischen Mittel dar.

(e) Die Standardabweichung:

Mit $\sigma = \sqrt{\text{Var}(X)}$ bezeichnet man die Standardabweichung einer Messreihe; sie trägt die gleiche Dimension wie die Messreihe.

Beispiel

Aus einer Produktion von Mikadostäben mit einer Solllänge von 15 cm werden 5 Stäbe entnommen und nachgemessen:

Stab 1	Stab 2	Stab3	Stab 4	Stab 5
14,80 cm	15,10 cm	14,90 cm	15,20 cm	15,00 cm

Tabelle 11: Länge von Mikadostäben

(a) Berechnen Sie die durchschnittliche Länge $\bar{x}$!
(b) Berechnen Sie die Varianz !
(c) Berechnen Sie die Standardabweichung !
(d) Ordnen Sie die Messreihe !
(e) Berechnen Sie den Median !

Berechnen Sie (a) mit 2 Nachkommastellen, (b) und (c) mit drei Nachkommastellen !

Lösung:

(a) $\bar{x} = \dfrac{14,80 + 15,10 + 14,90 + 15,20 + 15,00}{5} = 15,00$

Die durchschnittliche Länge liegt bei 15,00 cm.

(b) $\text{Var}(x) = \dfrac{0,040 + 0,010 + 0,010 + 0,040}{4} = 0,025$

Die Varianz liegt bei 0,025 cm^2.

(c) $\sqrt{\text{Var}(x)} = 0,158$

Die Standardabweichung liegt bei 0,158 cm.

(d) Die geordnete Messreihe lautet:

    14,8 cm   14,9 cm   15,0 cm   15,1 cm   15,2 cm

(e) Der Median x_m liegt bei 15,0 cm.

Regel 180   Statistische Kennzahlen bzgl. zweier Merkmale

Gegeben sei eine Messreihe $(x_1, y_1), (x_2, y_2), ..., (x_n, y_n)$ bzgl. zweier Merkmale X und Y mit den arithmetischen Mitteln $\overline{x}$ und $\overline{y}$.

(a) Covarianz:

$$\text{Mit Cov}\ (X, Y) = \frac{\sum_{i=1}^{n}(x_i - \overline{x}) \cdot (y_i - \overline{y})}{n-1} = \frac{\sum_{i=1}^{n} x_i \cdot y_i - n \cdot \overline{x} \cdot \overline{y}}{n-1}$$

bezeichnet man die Covarianz von X und Y; vorausgesetzt wird hierbei, dass die Merkmale X und Y metrisch sind. Die Covarianz beschreibt einen Zusammenhang der Merkmale X und Y.

(b) Korrelationskoeffizient:

$$\text{Mit}\ r_{xy} = \frac{\sum_{i=1}^{n} x_i \cdot y_i - n \cdot \overline{x} \cdot \overline{y}}{\sqrt{\left(\sum_{i=1}^{n} x_i^2 - n\overline{x}^2\right) \cdot \left(\sum_{i=1}^{n} y_i^2 - n\overline{y}^2\right)}}$$

bezeichnet man den Korrelationskoeffizienten zwischen X und Y; hierbei gilt
$$-1 \le r_{xy} \le 1.$$

Der Korrelationskoeffizient beschreibt einen linearen Zusammenhang der Merkmale X und Y.

18.3 Kombinatorik

Regel 181   Permutation

Eine Anordnung von n Elementen heißt Permutation. Sind die Elemente verschieden, so ist $K(n) = n!$ die Anzahl der möglichen Permutationen.

Regel 182   Geordnete und ungeordnete Stichproben

In einer Urne liegen n verschiedene Kugeln, von denen k ausgewählt werden $(n \in \mathbb{N}, \ k \leq n)$.

(a) geordnete Stichprobe:

Möglichkeiten	mit Zurücklegen	ohne Zurücklegen
$K(n;k)$	n^k	$\dfrac{n!}{(n-k)!}$

(b) ungeordnete Stichprobe:

Möglichkeiten	mit Zurücklegen	ohne Zurücklegen
$K(n;k)$	$\dbinom{n+k-1}{k}$	$\dbinom{n}{k}$

Beispiel: Stichprobe ohne Zurücklegen

Aus einer Produktion von 300 Mikadostäben werden 3 ausgewählt. Wieviel verschiedene Möglichkeiten gibt es?

Lösung:

Die Reihenfolge ist nicht geordnet; die Auswahl erfolgt ohne Zurücklegen. Somit gibt es

$$\binom{300}{3} = \frac{300 \cdot 299 \cdot 298}{1 \cdot 2 \cdot 3} = 4.455.100 \text{ Möglichkeiten.}$$

18.4 Wahrscheinlichkeitsrechnung

Regel 183 Axiome der Wahrscheinlichkeitsrechnung

Ist Ω die Ergebnismenge eines Zufallsexperimentes, so wird jedem Ereignis A eine Zahl $P(A) \in \mathbb{R}$ so zugeordnet, das gilt:

(a) $0 \leq P(A) \leq 1$

(b) $P(\Omega) = 1$

(c) Ereignisse A und B mit $A \cap B = \{\ \}$ heißen disjunkt. Für solche Ereignisse gilt die Gleichung $P(A \cup B) = P(A) + P(B)$.

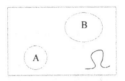

Bemerkung: $P(A)$ ist die Wahrscheinlichkeit für das Eintreten des Ereignisses A.

Regel 184 Folgerungen aus den Axiomen

(a) Sind $X_1, X_2, \ldots, X_n$ paarweise disjunkte Ereignisse eines Zufallsexperimentes, so ist

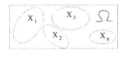

$$P\left(\bigcup_{i=1}^{n} X_i\right) = \sum_{i=1}^{n} P(X_i).$$

(b) Sind A und B Ereignisse eines Zufallsexperimentes, so ist

$$P(A \cup B) = P(A) + P(B) - P(A \cap B).$$

Beispiel: Wahrscheinlichkeitsberechnung

Die Traktorwerkstatt TRAKREP in Kaufbeuren wird innerhalb von einer Stunde mit einer Wahrscheinlichkeit von 0,5 von mindestens 5 Traktoren, mit einer Wahrscheinlichkeit von 0,8 von höchstens 8 Traktoren angefahren. Wie groß ist die Wahrscheinlichkeit, dass sie von 5,6,7,8 Traktoren angefahren wird?

Lösung:

Ereignis	Beschreibung	Wahrscheinlichkeit
A	mindestens 5 Traktoren	0,5
B	höchstens 8 Traktoren	0,8
C	5, 6, 7, 8 Traktoren	?

Tabelle 12: Ankunft von Traktoren in einer Reparaturwerkstatt

Es gilt $A \cap B = C$. Hieraus folgt mit Regel 184 (b):

$P(A \cup B) = P(A) + P(B) - P(C)$, also ist

$1 = P(A) + P(B) - P(C)$, somit folgt

$P(C) = 0,5 + 0,8 - 1 = 0,3$.

Die Wahrscheinlichkeit, dass 5, 6, 7 oder 8 Traktoren eintreffen beträgt somit 0,3.

Regel 185   Bedingte Wahrscheinlichkeit

Die Schreibweise $P(B \mid A)$ meint die Wahrscheinlichkeit für das Eintreten des Ereignisses B unter der Voraussetzung, dass das Ereignis A bereits eingetreten ist. Bei $P(A) \neq 0$ gelten die Regeln:

(a)
$$P(B \mid A) = \frac{P(A \cap B)}{P(A)}$$

(b)
$$P(A \cap B) = P(A) \cdot P(B \mid A) .$$

Beispiel

Ein Würfel wird einmal geworfen. Bestimmen Sie die Wahrscheinlichkeit für das Eintreten des Ereignisses $B = \{2, 4\}$ unter der Voraussetzung, dass das Ereignis $A = \{2, 4, 6\}$ bereits eingetreten ist !

Lösung:
$$P(B \mid A) = \frac{P\{2, 4\}}{P\{2, 4, 6\}} = \frac{2}{3}$$

Regel 186   Stochastische Unabhängigkeit

Die Ereignisse $A_1, A_2, \ldots, A_n$ heißen stochastisch unabhängig, falls

$$P(A_1 \cap A_2 \cap \ldots \cap A_n) = P(A_1) \cdot P(A_2) \cdot \ldots \cdot P(A_n)$$

gilt.

Beispiel

Ein Würfel wird zweimal geworfen. Mit welcher Wahrscheinlichkeit erhält man beim ersten Wurf eine Eins und beim zweiten Wurf eine Sechs?!

Lösung:

A:=	erster Wurf eine Eins	$P(A) = \dfrac{1}{6}$
B:=	zweiter Wurf eine Sechs	$P(B) = \dfrac{1}{6}$
C:=	erster Wurf eine Eins und zweiter Wurf eine Sechs	$P(C) = ?$

Die Ereignisse A und B sind unabhängig voneinander und man erhält

$$P(C) = P(A) \cdot P(B) = \frac{1}{6} \cdot \frac{1}{6} = \frac{1}{36}.$$

18.5 Diskrete und stetige Zufallsvariable

Regel 187   Zufallsvariable

Eine Funktion $X : \Omega \to \mathbb{R}$, die jedem Elementarereignis eines Zufalls- experimentes eine reelle Zahl zuordnet, heißt Zufallsvariable. Eine diskrete Zufallsvariable nimmt höchstens abzählbar unendlich viele Werte an, eine stetige Zufallsvariable kann jeden Wert in einem bestimmten Intervall annehmen.

Regel 188   Die diskrete Zufallsvariable

(a) **Wahrscheinlichkeitsfunktion:**

Die Wahrscheinlichkeitsfunktion $f : [0, 1] \to \mathbb{R}$ einer diskreten Zufallsvariablen X ist diejenige Funktion für die gilt:

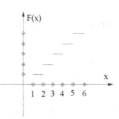

$$f(x_i) = p_i \qquad \text{falls } x = x_i$$
$$f(x) = 0 \qquad \text{sonst}$$

Hierbei ist $P(X = x_i) = p_i$. Die Wahrscheinlichkeit, dass die Zufallsvariable X den Wert x_i annimmt beträgt also p_i .

(b) **Verteilungsfunktion:**

Die Verteilungsfunktion F: $\mathbb{R} \to [0, 1]$ einer diskreten Zufallsvariable X wird definiert durch

$$F(x) = P(X \leq x) = \sum_{x_i \leq x} f(x_i) .$$

(c) **Erwartungswert und Varianz einer diskreten Zufallsvariable X:**

Erwartungswert $\qquad \mu = E(X) = \sum_{i=1}^{n} x_i \cdot f(x_i)$

Varianz $\qquad\qquad \sigma^2 = \text{Var}(X) = \sum_{i=1}^{n} (x_i - \mu)^2 \cdot f(x_i)$

Regel 189   Die stetige Zufallsvariable

(a) Dichtefunktion:

Die Dichtefunktion einer stetigen Zufallsvariable X ist eine integrierbare Funktion $f(x) \geq 0$ mit

$$\int_{-\infty}^{\infty} f(x)\,dx = 1.$$

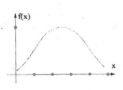

(b) Verteilungsfunktion:

Die Verteilungsfunktion einer stetigen Zufallsvariablen X wird definiert durch

$$F(x) = P(X \leq x) = \int_{-\infty}^{x} f(u)\,du.$$

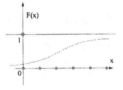

(c) Erwartungswert und Varianz einer stetigen Zufallsvariable X:

Erwartungswert

$$\mu = E(X) = \int_{-\infty}^{\infty} x \cdot f(x)\,dx$$

Varianz

$$\sigma^2 = \mathrm{Var}(X) = \int_{-\infty}^{\infty} (x - \mu)^2 \cdot f(x)\,dx$$

Regel 190   Eigenschaften der Verteilungsfunktion

Sei X eine Zufallsvariable mit Verteilungsfunktion F(x). Dann gilt:

(a) $F(x)$ ist monoton wachsend,

(b) $\lim\limits_{x \to -\infty} F(x) = 0$,

(c) $\lim\limits_{x \to \infty} F(x) = 1$,

(d) $P(a < X \leq b) = F(b) - F(a)$.

18.6 Wahrscheinlichkeitsverteilungen

18.6.1 Diskrete Verteilungen

Regel 191   Die Binomialverteilung

Bei der **Binomialverteilung** werden n Versuche durchgeführt, die einen Gesamtversuch bilden und voneinander unabhängig sind. Die einzelnen Versuche sind hierbei Bernoulli-Experimente, haben also zwei Ausgänge. Für festes $n \geq 0$ und $0 \leq p \leq 1$ wird die Binomialverteilung $X : B(n; p)$ definiert durch

(a) **die Wahrscheinlichkeitsfunktion:**

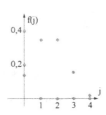

$$f(j) = P\,(X = j) = \binom{n}{j} \cdot p^j \cdot q^{n-j}$$

für $j = 0, 1, 2, \ldots, n$; hierbei ist $p + q = 1$.

Die Abbildung zeigt die Wahrscheinlichkeitsfunktion für die Werte $n = 4$ und $p = 0{,}4$.

(b) **die Verteilungsfunktion:**

$$F(j) = P(X \leq j) = \sum_{i \leq j} \binom{n}{i} \cdot p^i \cdot q^{n-i} \qquad \text{für } j = 0, 1, 2, \ldots, n$$

(c) **den Erwartungswert und die Varianz:**

Erwartungswert $\quad \mu = E\,(X) = n \cdot p$; Varianz $\quad \sigma^2 = \text{Var}\,(X) = n \cdot p \cdot q$

Beispiel

Wie groß ist die Wahrscheinlichkeit, dass bei dreimaligem Würfeln genau zweimal eine Sechs auftritt?

Lösung: Die Wahrscheinlichkeit, dass bei einmaligem Würfelwurf eine Sechs auftritt, liegt bei $p = \dfrac{1}{6}$. Mit $n = 3$ und $j = 2$ erhält man $P(X = 2) = \dbinom{3}{2} \cdot \dfrac{1}{6^2} \cdot \dfrac{5}{6^1} = \dfrac{15}{216}$.

Regel 192   Die Poissonverteilung

Mit der **Poissonverteilung** lassen sich unbekannte Verteilungen annähern, wenn die Wahrscheinlichkeit für das Eintreten eines Ereignisses klein und die Zahl der Versuche groß ist. Für festes $\lambda > 0$ wird die Poissonverteilung $X : P(\lambda)$ definiert durch

(a) die Wahrscheinlichkeitsfunktion:

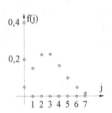

$$f(j) = P\,(X = j) = e^{-\lambda} \cdot \frac{\lambda^j}{j!}$$

für $j \in \mathbb{N}_0$

Die Abbildung zeigt die Wahrscheinlichkeitsfunktion für $\lambda = 3$.

(b) die Verteilungsfunktion:

$$F(j) = P(X \le j) = \sum_{i \le j} e^{-\lambda} \cdot \frac{\lambda^i}{i!} \quad \text{für } j \in \mathbb{N}_0$$

(c) den Erwartungswert und die Varianz:

Erwartungswert $\mu = E(X) = \lambda$; Varianz $\sigma^2 = \text{Var}\,(X) = \lambda$

Beispiel

Bei der Produktion von Spielwürfeln führt ein besonders einfaches Verfahren durchschnittlich zu zwei Ungenauigkeiten am Würfel. Die Zufallsvariable

X: " Anzahl der Ungenauigkeiten am Würfel "

sei poissonverteilt. Mit welcher Wahrscheinlichkeit enthält ein Würfel genau 3 Fehler (siehe 20.5)?

Lösung:

Es gilt $\lambda = 2$ und $j = 3$ und man erhält $P\,(X = 3) = e^{-2} \cdot \dfrac{2^3}{3!} = 0{,}1804$.

18.6.2 Stetige Verteilungen

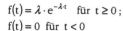

Regel 193   Die Exponentialverteilung

Für $\lambda > 0$ wird die **Exponentialverteilung** $X : \text{Exp}(\lambda)$ definiert durch

(a) die Wahrscheinlichkeitsfunktion:

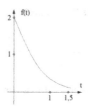

$f(t) = \lambda \cdot e^{-\lambda \cdot t}$ für $t \geq 0$;
$f(t) = 0$ für $t < 0$

Die Abbildung zeigt die Wahrscheinlichkeitsfunktion für $\lambda = 2$.

(b) die Verteilungsfunktion:

$F(t) = 1 - e^{-\lambda \cdot t}$ für $t \geq 0$;
$F(t) = 0$ für $t < 0$

(c) den Erwartungswert und die Varianz:

Erwartungswert $\mu = E(X) = \dfrac{1}{\lambda}$;   Varianz $\sigma^2 = \text{Var}(X) = \dfrac{1}{\lambda^2}$

Beispiel

In einem Kernkraftwerk wird eine gleichzeitige Wartung mehrerer Maschinen durchgeführt. Die Zeit hierfür beträgt durchschnittlich 30 Minuten. Wie groß ist die Wahrscheinlichkeit, dass die Wartungszeit höchstens 60 Minuten beträgt, wenn man Exponentialverteilung voraussetzt?

Lösung:

Zunächst wird der Parameter λ bestimmt: Drückt man die Zeit in Stunden aus, so erhält man

$$\frac{1}{\lambda} = \frac{1}{2}, \text{ also } \lambda = 2.$$

Also gilt

$$P(X \leq 1) = \int_0^1 2 \cdot e^{-2 \cdot t} \, dx = 1 - \frac{1}{e^2} = 1 - 0{,}135 = 0{,}865 .$$

Die gesuchte Wahrscheinlichkeit beträgt 0,865.

Regel 194 Die Normalverteilung (Gauß-Verteilung)

Die **Normalverteilung** wurde von dem Mathematiker Gauß beschrieben und ist für praktische Anwendungen eine der bedeutendsten statistischen Verteilungen. Ihre Wahrscheinlichkeitsfunktion nennt man auch Gaußsche Glockenkurve. Die Normalverteilung $X : N(\mu; \sigma^2)$ wird definiert durch

(a) die Wahrscheinlichkeitsfunktion:

$$f(t) = \frac{1}{\sigma \cdot \sqrt{2 \cdot \pi}} \cdot e^{-\frac{(t-\mu)^2}{2\sigma^2}} \qquad \text{für } t \in \mathbb{R}$$

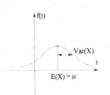

(b) die Verteilungsfunktion:

$$F(t) = \int_{-\infty}^{t} \frac{1}{\sigma \cdot \sqrt{2 \cdot \pi}} \cdot e^{-\frac{(x-\mu)^2}{2\sigma^2}} \, dx \qquad \text{für } t \in \mathbb{R}$$

(c) den Erwartungswert und die Varianz:

Erwartungswert $\mu = E(X)$, Varianz $\sigma^2 = Var(X)$

Eigenschaften der Gaußschen Glockenkurve:

(a) Die Funktion hat im Punkt $x = \mu$ ein Maximum.

(b) Die Funktion erfüllt die Gleichung $f(\mu + x) = f(\mu - x)$.

(c) Die Funktion hat die Wendepunkte $\mu - \sigma$ und $\mu + \sigma$.

(d) Die Funktion hat genau einen Extremwert.

Regel 195   Die standardisierte Normalverteilung

Die Normalverteilung $X : N(\mu; \sigma^2)$ lässt sich durch die Transformation $Z = \dfrac{X - \mu}{\sigma}$ in die standardisierte Normalverteilung $X : N(0; 1)$ überführen.

(a) Wahrscheinlichkeitsfunktion:

$$f(z) = \frac{1}{\sqrt{2 \cdot \pi}} \cdot e^{-\frac{z^2}{2}} \qquad\qquad \text{für } z \in \mathbb{R}$$

(b) Verteilungsfunktion:

$$F(z) = \int_{-\infty}^{z} \frac{1}{\sqrt{2 \cdot \pi}} \cdot e^{-\frac{t^2}{2}} \, dt \qquad\qquad \text{für } z \in \mathbb{R}$$

(c) Erwartungswert und Varianz:

Erwartungswert $\mu = E(X) = 0$, Varianz $\sigma^2 = \text{Var}(X) = 1$

Beispiel

Die Länge produzierter Mikadostäbe sei normalverteilt mit dem Mittelwert $\mu = 20$ cm und einer Varianz $\sigma^2 = 0{,}01\, \text{cm}^2$. Der Produktion wird zufällig ein Mikadostab entnommen. Wie groß ist die Wahrscheinlichkeit, dass seine Länge größer als

(a) 20,2 cm   (b) 20,0 cm ist?

Lösung:

(a) $P(X > 20{,}2) = 1 - P(X \leq 20{,}2) = 1 - P(Z \leq z)$

Hierbei ist $\qquad z = \dfrac{20{,}2 - 20}{0{,}1} = \dfrac{0{,}2}{0{,}1} = 2.$

Also ist $\qquad\quad P(X > 20{,}2) = 1 - P(Z \leq 2) = 0{,}022$.

(b) $P(X > 20{,}0) = 1 - P(X \leq 20{,}0) = 1 - P(Z \leq z)$

Hierbei ist $\qquad z = \dfrac{20 - 20}{0{,}1} = \dfrac{0}{0{,}1} = 0.$

Also ist $\qquad\quad P(X > 20{,}0) = 1 - P(Z \leq 0) = 0{,}50.$

Lesen Sie die erforderlichen Wahrscheinlichkeiten aus 20.6 ab!

18.7 Statistischer Test

(a) Hypothese:
Eine Aussage über Wahrscheinlichkeiten von Ereignissen A, B, C, D,...eines Zufallsexperimentes heißt Hypothese.

(b) Null – und Alternativhypothese:
In einem statistischen Test werden die Hypothesen

$$H_0 : \quad \text{Nullhypothese}$$
$$H_1 : \quad \text{Alternativhypothese}$$

aufgestellt. In der Testentscheidung wird die Nullhypothese angenommen oder abgelehnt.

(c) Fehler im statistischen Test:
Fehler 1. Art: Man spricht von einem Fehler 1.Art, wenn H_0 abgelehnt wird, obwohl H_0 wahr ist. Einen solchen Fehler bezeichnet man als α – Fehler.
Fehler 2. Art: Man spricht von einem Fehler 2. Art, wenn H_0 nicht abgelehnt wird, obwohl H_0 falsch ist. Einen Fehler 2. Art bezeichnet man auch als β – Fehler.

(d) Signifikanzniveau:
Die maximale Größe $\alpha \in [0, 1]$ des Fehlers 1. Art wird vor Durchführung des statistischen Testes festgelegt und als Signifikanzniveau bezeichnet.

(e) Annahme – und Ablehnungsbereich:
Aus der Größe α ergibt sich der Annahme – oder Ablehnungsbereich für die Hypothese H_0. Liegt die **Prüfgröße im Annahmebereich**, wird die Hypothese H_0 angenommen; liegt die **Prüfgröße im Ablehnungsbereich**, wird die Hypothese H_0 abgelehnt.

(f) Prüfgröße:
Die Prüfgröße wird nach einem mathematischen Verfahren aus den Daten der Stichprobe ermittelt; unterschiedliche Stichproben können unterschiedliche Prüfgrößen liefern.

Beispiel: χ^2 **- Anpassungstest**

Die Ergebnisse von 60 Würfelwürfen werden in der folgenden Tabelle festgehalten. Auf einem Signifikanzniveau von $\alpha = 0,1$ soll festgestellt werden, ob der Würfel ideal ist.

	Einser	Zweier	Dreier	Vierer	Fünfer	Sechser
absolut	7	10	13	15	8	7
erwartet	10	10	10	10	10	10

Tabelle 13: Ergebnisse eines Würfelexperimentes

Bezeichnungen:

h_i :   absolute Häufigkeit h_e :   erwartete Häufigkeit

Lösung:

(a) Aufstellen der Hypothesen:
H_0 :   Der Würfel ist ideal.

H_1 :   Der Würfel ist nicht ideal.

(b) Festlegen des Signifikanzniveaus:
Nach Aufgabenstellung ist $\alpha = 0,10$.

(c) Definition der Prüfgröße:

Ohne mathematische Begründung wird die Prüfgröße durch $\chi^2 = \dfrac{\sum\limits_{i=1}^{6}(h_i - h_e)^2}{h_e}$ definiert.

(d) Ermittlung des kritischen Bereiches:
Bei 5 Freiheitsgraden wird aus Tabelle 14 bei $\alpha = 0,1$ ein Wert von 9,236 abgelesen; für $\chi^2 \leq 9,236$ wird H_0 angenommen, bei $\chi^2 > 9,236$ wird H_0 abgelehnt.

(e) Berechnung der Prüfgröße:
$\chi^2 = \dfrac{9 + 0 + 9 + 25 + 4 + 9}{10} = \dfrac{56}{10} = 5,6$

(f) Testentscheidung:
Wegen $\chi^2 = 5,6 \leq 9,236$ wird H_0 angenommen.

(g) Auszug aus der χ^2 **- Verteilung für** $\alpha = 0,1$ **und f = 1, 2, 3, 4, 5.**

	f = 1	f = 2	f = 3	f = 4	f = 5
$\alpha = 0,1$	2,706	4,605	6,251	7,779	9,236

Tabelle 14: Auszug aus der χ^2 - Verteilung

19. Geometrie

In der *ebenen Geometrie* werden überwiegend Berechnungen an Vielecken durchgeführt; die Bestimmungen von Fläche und Umfang zählen zu den wichtigsten Berechnungen. Zurückgegriffen wird hierbei auf einige elementare Lehrsätze, wie z. B. den Satz des Pythagoras. In der *Geometrie der Körper (Stereometrie)* werden entsprechend Volumen und Oberfläche errechnet. Hierbei lassen sich Körper häufig als Rotationskörper auffassen, wie sie in der Integralrechnung berechnet wurden. In der *Trigonometrie* werden die Winkelfunktionen definiert und ihre Beziehung untereinander hergestellt; so können z. B. Kurven durch Winkelfunktionen dar- gestellt werden. Die *analytische Geometrie* unterscheidet *Koordinatengeometrie* und *Vektorgeometrie*. In der Koordinatengeometrie werden Kurven in einem Koordinatensystem dargestellt, in der Vektorgeometrie erfolgt die Schreibweise in Vektoren.

19.1 Ebene Geometrie

Regel 197   Das Dreieck

Bezeichnungen

Seiten:	a, b, c
Winkel	α, β, μ
Höhe:	h
Fläche:	F

In den folgenden Formeln wird immer von der Grundseite c und der entsprechenden Höhe h ausgegangen.

(a) beliebiges Dreieck:

$$\alpha + \beta + \mu = 180°$$

$$F = \frac{c \cdot h}{2} = \sqrt{s \cdot (s-a) \cdot (s-b) \cdot (s-c)} \text{ mit}$$

$$s = \frac{a+b+c}{2}$$

(b) gleichschenkliges Dreieck: Ein gleichschenkliges Dreieck besitzt zwei gleich lange Schenkel.

$$F = \frac{c \cdot h}{2}$$

Bei $a = b$ gilt $\alpha = \beta$ und $h = \sqrt{a^2 - \left(\frac{c}{2}\right)^2}$.

(c) gleichseitiges Dreieck: Alle Seiten eines gleichseitigen Dreieckes sind gleich lang.

$$F = \frac{a^2 \cdot \sqrt{3}}{4}$$

$$h = \frac{a}{2} \cdot \sqrt{3}$$

(d) rechtwinkliges Dreieck: Ein rechtwinkliges Dreieck hat genau einen rechten Winkel.

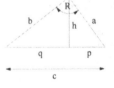

Satz des Pythagoras: $\quad c^2 = a^2 + b^2$

Höhensatz: $\quad\quad\quad\quad h^2 = q \cdot p$

Kathetensatz: $\quad\quad\quad\ a^2 = c \cdot p$ und $b^2 = c \cdot q$

Beispiel: gleichseitiges Dreieck

Ein gleichseitiges Dreieck hat den Flächeninhalt 100 cm^2. Berechnen Sie Seitenlänge und Höhe des Dreiecks!

Lösung:

$$100 = \frac{a^2}{4} \cdot \sqrt{3} \text{ , also } a^2 = \frac{400}{\sqrt{3}} = 230{,}94.$$

Die Seitenlänge des Dreiecks beträgt also 15,20 cm. Nun gilt:

$$h = \frac{a}{2} \cdot \sqrt{3} = \frac{15{,}2}{2} \cdot \sqrt{3} = 13{,}16$$

Die Höhe des Dreiecks beträgt also 13,16 cm.

Regel 198   Das Viereck

Bezeichnungen

Seiten:	a, b, c, d
Winkel:	$\alpha, \beta, \mu, \delta$
Fläche:	F
Umfang:	U

(a) allgemeines Viereck:

$\alpha + \beta + \mu + \delta = 360°$

(b) Quadrat: Ein Quadrat ist ein Viereck mit vier gleich langen Seiten und vier rechten Winkeln.

$F = a^2$

$U = 4 \cdot a$

Diagonale $d = a \cdot \sqrt{2}$

(c) Rechteck: Ein Rechteck ist ein Viereck mit vier rechten Winkeln.

$F = a \cdot b$

$U = 2 \cdot a + 2 \cdot b$

Diagonale $d = \sqrt{a^2 + b^2}$

(d) Parallelogramm: Ein Parallelogramm ist ein Viereck, bei dem je zwei gegenüberliegende Seiten parallel sind.

$F = a \cdot h$

$U = 2 \cdot (a + b)$

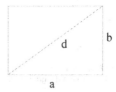

(e) Trapez: Ein Trapez ist ein Viereck mit zwei parallelen Seiten.

Bezeichnung

Mittellinie des Trapezes: m

$$m = \frac{1}{2} \cdot (a + c)$$
$$F = m \cdot h$$
$$U = a + b + c + d$$

(f) Raute: Eine Raute ist ein Viereck mit 4 gleich langen Seiten.

Bezeichnung

Diagonalen der Raute: d, e

$$F = \frac{1}{2} \cdot d \cdot e$$
$$U = 4 \cdot a$$

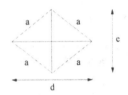

(g) Drachen: Ein Drachen ist ein Viereck, bei dem je zwei Paare gleich langer, benachbarter Seiten existieren.

$$F = \frac{1}{2} \cdot d \cdot e$$
$$U = 2 \ a + 2 \ b$$

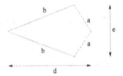

Beispiel: Raute

Eine Raute hat den Flächeninhalt 100 cm^2. Die Summe ihrer Diagonalen d und e beträgt 30 cm; hierbei ist d die größere Diagonale. Berechnen Sie d und e!

Lösung:

Man erhält   (1) d + e = 30   und   (2) $\frac{1}{2}$ d · e = 100 .

Löst man die erste Gleichung nach e auf, so folgt   (1) e = 30 − d.
Nun wird (1) in (2) eingesetzt:

(2) $\frac{1}{2} \cdot d \cdot (30 - d) = 100$, also $30 \cdot d - d^2 = 200$

Die Lösungen der quadratischen Gleichung $d^2 - 30 \cdot d + 200 = 0$ sind

$$d_{1;\,2} = 15 \pm \sqrt{225 - 200} = 15 \pm 5 .$$

Da d die größere Diagonale ist, folgt d = 20 und e = 10.

Regel 199   Das regelmäßige n-Eck

Bezeichnungen

Seiten: a
Fläche: F
Umfang: U

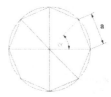

$U = n \cdot a$

$$F = \frac{n \cdot a^2 \cdot \cot\left(\dfrac{\pi}{n}\right)}{4}$$

Beispiel

Ein regelmäßiges 8-Eck hat die Seitenlänge 5 cm. Berechnen Sie Umfang und Fläche des 8-Eckes!

Umfang: $8 \cdot 5 = 40$
Der Umfang beträgt also 40 cm.

Fläche: $F = \dfrac{8 \cdot 25 \cdot \cot\left(\dfrac{\pi}{8}\right)}{4} = \dfrac{200}{4} \cdot \cot\dfrac{180°}{8} = 50 \cdot \cot 22{,}5° = 50 \cdot 2{,}414 = 120{,}7$.

Die Fläche beträgt also 120,7 cm^2.

Regel 200   Kreis und Kreisteile

Bezeichnungen

Radius: r
Umfang   U
Fläche: F
Mittelpunkt: M
Durchmesser: d

(a) Kreis:

$U = 2 \cdot \pi \cdot r$
$F = \pi \cdot r^2$

(b) Kreisring: Ein Kreisring ist eindeutig definiert durch zwei konzentrische Kreise mit verschiedenen Radien.

$$F = \pi \cdot \left(r^2 - R^2 \right)$$

(c) Kreissektor: Ein Kreissektor ist eindeutig definiert durch den Radius r und den Kreisbogen b.

Bezeichnung

Sektorwinkel: α

$$U = 2\pi \cdot r \cdot \frac{\alpha}{360}$$

$$F = \pi \cdot r^2 \cdot \frac{\alpha}{360}$$

Beispiel: Berechnung einer Innenkontur

Berechnen Sie den Flächeninhalt des nebenstehenden Fünfeckes und ziehen Sie die Kreisfläche vom Fünfeck ab (alle Angaben in der Zeichnung in cm)! Rechnen Sie mit $\pi = 3{,}14$.

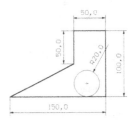

Lösung:
Zunächst wird die Fläche des Fünfeckes ohne Berücksichtigung des Kreises ermittelt. Hierzu subtrahieren wir vom Rechteck mit der Fläche

$$F_1 = 150 \cdot 100 = 15.000$$

ein Trapez mit der Fläche

$$F_2 = 75 \cdot 100 = 7.500$$

und erhalten ein Fünfeck mit der Fläche

$$F = F_1 - F_2 = 7.500 \; .$$

Die Fläche des Kreises beträgt

$$F_K = \pi \cdot 400 = 1.256 \; ,$$

sodass man als Ergebnis

$$F - F_K = 7.500 - 1.256 = 6.244 \quad \text{erhält.}$$

Die gesuchte Fläche beträgt also 6.244 cm^2.

19.2 Stereometrie

Regel 201   Räumliche Körper

Bezeichnungen

Volumen: V
Oberfläche: O
Grundfläche des Körpers: G
Höhe   h
Mantelfläche: M

(a) Würfel: Ein Würfel ist ein Körper, der von sechs flächengleichen Quadraten begrenzt wird.

Bezeichnung

Diagonale: d

$$V = a^3$$
$$O = 6 \cdot a^2$$
$$d = a \cdot \sqrt{3}$$

(b) *Quader:* Ein Quader ist ein Körper, dessen Oberfäche von 6 Rechtecken begrenzt wird. Hierbei sind die jeweils gegenüberliegenden Flächen des Quaders kongruent.

$$V = a \cdot b \cdot c$$
$$O = 2 \cdot (a \cdot b + a \cdot c + b \cdot c)$$
$$d = \sqrt{a^2 + b^2 + c^2}$$

(c) Pyramide: Die Grundfläche einer Pyramide ist ein n-Eck. Die Mantelfläche der Pyramide besteht aus n Dreiecken, die in einem Punkt, der Pyramidenspitze, zusammenlaufen.

$$V = \frac{1}{3} \cdot G \cdot h$$

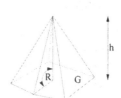

(d) Pyramidenstumpf: Der Pyramidenstumpf besitzt parallele n-Ecke als Schnittflächen; die n Seitenflächen sind Trapeze.

Bezeichnung

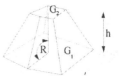

Schnittflächen: G_1 und G_2

$$V = \frac{h}{3} \cdot \left(G_1 + \sqrt{G_1 \cdot G_2} + G_2\right)$$

(e) Prisma: Die Grundflächen eines Prismas sind kongruente n-Ecke; die n Seitenflächen sind Parallelogramme.

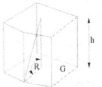

$$V = G \cdot h$$

(f) senkrechter Kreiszylinder: Die Grundflächen eines senkrechten Kreiszylinders sind zwei flächengleiche Kreise, deren Mittelpunkte senkrecht übereinander im Höhenabstand h liegen.

$$V = \pi \cdot r^2 \cdot h$$
$$O = 2\pi \cdot r \cdot (r + h)$$
$$M = 2\pi \cdot r \cdot h$$

(g) senkrechter Kreiskegel: Die Grundfläche eines senkrechten Kreiskegels ist ein Kreis. Die Mantelfläche des Kegels läuft in der Kegelspitze zusammen, welche senkrecht im Höhenabstand über dem Kreismittelpunkt liegt.

Bezeichnung

Seitenlänge : s

$$V = \frac{1}{3} \cdot \pi \cdot r^2 \cdot h$$
$$O = \pi \cdot r \cdot (r + s)$$
$$M = \pi \cdot r \cdot s$$
$$s = \sqrt{r^2 + h^2}$$

(h) Kugel: Die Kugel ist ein Rotationskörper, welcher bei Rotation eines Halbkreises um eine Achse entsteht.

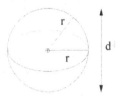

$$V = \frac{4}{3} \cdot \pi \cdot r^3$$

$$O = 4\pi \cdot r^2$$

(i) Kugelausschnitt: Ein Kugelausschnitt besteht aus einer Kugelkappe und dem dazugehörigen Kegel.

$$V = \frac{2}{3} \cdot \pi \cdot r^2 \cdot h$$

$$O = \pi \cdot r \cdot (2 \cdot h + r_1)$$

(j) Ellipsoid: Ein Ellipsoid ist ein Rotationskörper, welcher bei Rotation einer Ellipse um eine Achse entsteht.

Bezeichnung

Halbachsen: a, b, c

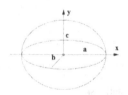

$$V = \frac{4\pi}{3} \cdot a \cdot b \cdot c$$

(k) Torus: Der Torus entsteht bei Rotation eines Kreises um eine Achse. Hierbei wird der Radius des rotierenden Kreises mit r bezeichnet, der Abstand des Kreismittelpunktes von der Achse ist R.

$$V = 2 \cdot \pi^2 \cdot r^2 \cdot R$$

$$O = 4 \cdot \pi^2 \cdot r \cdot R$$

Beispiel: Torus

Der Radius des rotierenden Kreises betrage 5 cm; der Abstand des Mittelpunktes dieses Kreises von der y-Achse sei 10 cm. Berechnen Sie das Volumen des Torus! Rechnen Sie mit $\pi = 3{,}1416$.

Lösung:

$V = 2 \cdot \pi^2 \cdot r^2 \cdot R = 2 \cdot \pi^2 \cdot 25 \cdot 10 = 500 \cdot \pi^2 = 4934{,}83$

Das Volumen beträgt also 4934,83 cm^3.

Regel 202   Prinzip von Cavalieri

Körper mit gleicher Grundfläche und Höhe haben gleiches Volumen, falls **alle** Parallelschnitte zur Grundfläche paarweise flächengleiche Schnittflächen ergeben.
Die Zeichnung zeigt einen Körper, der als Grundfläche einen Kreis mit dem Radius r hat. Seine Höhe ist h; **eine Schnittfläche** ist in den Körper eingezeichnet

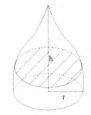

Regel 203   Guldins Regel für Rotationskörper

Eine Fläche F mit Schwerpunkt S rotiere um eine Achse. Dann beträgt das Volumen V des Rotationskörpers

$$V = F \cdot U,$$

wobei U der Umfang desjenigen Kreises ist, den der Schwerpunkt S bei der Rotation beschreibt.

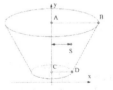

(Die Fläche F ist in der Zeichnung begrenzt durch die Punkte A, B, C und D.)

19.3 Die trigonometrischen Funktionen

Regel 204 Definition der trigonometrischen Funktionen

Ist α ein spitzer Winkel im rechtwinkligen Dreieck, so gelten die folgenden Definitionen:

(a) $\sin \alpha = \dfrac{\text{Gegenkathete}}{\text{Hypotenuse}}$
(b) $\cos \alpha = \dfrac{\text{Ankathete}}{\text{Hypotenuse}}$

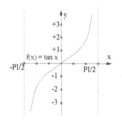
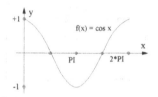

(c) $\tan \alpha = \dfrac{\text{Gegenkathete}}{\text{Ankathete}}$
(d) $\cot \alpha = \dfrac{\text{Ankathete}}{\text{Gegenkathete}}$

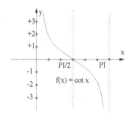

Eigenschaften der trigonometrischen Funktionen:

	sin x	cos x	tan x	cot x
D(f)	$\mathbb{R}$	$\mathbb{R}$	$x \in \mathbb{R}$, $x \neq \dfrac{\pi}{2} + k \cdot \pi$	$x \in \mathbb{R}$, $x \neq k \cdot \pi$
W(f)	$[-1, 1]$	$[-1, 1]$	$\mathbb{R}$	$\mathbb{R}$
Symmetrie	ungerade	gerade	ungerade	ungerade
Periode	$2 \cdot \pi$	$2 \cdot \pi$	π	π
Nullstellen	$k \cdot \pi$	$\dfrac{\pi}{2} + k \cdot \pi$	$k \cdot \pi$	$\dfrac{\pi}{2} + k \cdot \pi$

Tabelle 15: Eigenschaften trigonometrischer Funktionen

Regel 205   Funktionsdefinition am Einheitskreis

Sei E der Kreis mit dem Radius 1 um den Nullpunkt. Dann gilt für einen beliebigen Winkel $0° \leq \alpha \leq 360°$:

(a) $\sin \alpha = y$ (b) $\cos \alpha = x$

(c) $\tan \alpha = \dfrac{y}{x}$ (d) $\cot \alpha = \dfrac{x}{y}$

Die Abbildung zeigt einen Kreis mit Mittelpunkt $(0, 0)$ und Radius 1.

Regel 206   Grundregeln

Für die trigonometrischen Funktionen gelten folgende elementare Regeln:

(a) $\sin^2 \alpha + \cos^2 \alpha = 1$ (b) $\tan \alpha = \dfrac{\sin \alpha}{\cos \alpha}$

(c) $\cot \alpha = \dfrac{\cos \alpha}{\sin \alpha}$ d) $\sin(90° - \alpha) = \cos \alpha$

(e) $\cos(90° - \alpha) = \sin \alpha$

Beweis von Regel 206 (a) bis (c):

(a) Nach Regel 205 ist $y^2 + x^2 = 1$, also $\sin^2 \alpha + \cos^2 \alpha = 1$.

(b) Nach Regel 205 (c) ist $\tan \alpha = \dfrac{y}{x}$, also $\tan \alpha = \dfrac{\sin \alpha}{\cos \alpha}$.

(c) Nach Regel 205 (d) ist $\cot \alpha = \dfrac{x}{y}$, also $\cot \alpha = \dfrac{\cos \alpha}{\sin \alpha}$.

Regel 207   Das Bogenmaß

Das Bogenmaß x ist die Länge des Kreisbogens, der einem Winkel von $0° \le \alpha \le 360°$ entspricht:

$$x = \frac{2\pi \cdot \alpha}{360}$$

Einem Winkel von $0°$ entspricht also ein Bogen von 0, einem Winkel von $360°$ ein Bogen von 2π.

Regel 208 Die trigonometrischen Additionstheoreme

Für die Summe und Differenz $\alpha \pm \beta$ der Winkel α und β gelten die folgenden Regeln:

(a) $\sin(\alpha \pm \beta) = \sin\alpha \cdot \cos\beta \pm \cos\alpha \cdot \sin\beta$

(b) $\cos(\alpha \pm \beta) = \cos\alpha \cdot \cos\beta \mp \sin\alpha \cdot \sin\beta$

(c) $\tan(\alpha \pm \beta) = \dfrac{\tan\alpha \pm \tan\beta}{1 \mp \tan\alpha \cdot \tan\beta}$

(d) $\cot(\alpha \pm \beta) = \dfrac{\cot\alpha \cdot \cot\beta \mp 1}{\cot\beta \pm \cot\alpha}$

Regel 209 Formeln für doppelte, dreifache Winkel und Potenzen

(a) $\sin(2\alpha) = 2 \cdot \sin\alpha \cdot \cos\alpha$

(b) $\cos(2\alpha) = \cos^2\alpha - \sin^2\alpha = 1 - 2 \cdot \sin^2\alpha$

(c) $\sin^2\alpha = \dfrac{1}{2} \cdot (1 - \cos 2\alpha)$

(d) $\cos^2\alpha = \dfrac{1}{2} \cdot (1 + \cos 2\alpha)$

(e) $\sin 3\alpha = 3 \cdot \sin\alpha - 4 \cdot \sin^3\alpha$

(f) $\cos 3\alpha = 4 \cdot \cos^3\alpha - 3 \cdot \cos\alpha$

(g) $\sin^3\alpha = \dfrac{1}{4} \cdot (3 \cdot \sin\alpha - \sin 3 \cdot \alpha)$

(h) $\cos^3\alpha = \dfrac{1}{4} \cdot (3 \cdot \cos\alpha + \cos 3\alpha)$

Regel 210 Sinussatz, Cosinussatz und Tangenssatz

An einem beliebigen Dreieck gelten die folgenden Sätze:

(a) Sinussatz:
$$\frac{a}{\sin \alpha} = \frac{b}{\sin \beta} = \frac{c}{\sin \gamma}$$

(b) Cosinussatz:
$$a^2 = b^2 + c^2 - 2bc \cdot \cos \alpha$$
$$b^2 = c^2 + a^2 - 2ca \cdot \cos \beta$$
$$c^2 = a^2 + b^2 - 2ab \cdot \cos \gamma$$

(c) Tangenssatz:
$$\frac{a+b}{a-b} = \frac{\tan \frac{1}{2}(\alpha + \beta)}{\tan \frac{1}{2}(\alpha - \beta)}$$

(d) Umkreisradius:

Ist r der Umkreisradius des Dreiecks, so gilt
$$\frac{\alpha}{\sin \alpha} = 2 \cdot r$$

(e) Flächeninhalt:

$$F = \frac{1}{2} \cdot a \cdot b \cdot \sin \mu = 2 \cdot r^2 \cdot \sin \alpha \cdot \sin \beta \cdot \sin \mu$$

Beispiel: Umkreisradius

Berechnen Sie den Umkreisradius eines gleichseitigen Dreiecks mit der Seitenlänge 10 cm!

Lösung: Es ist $\dfrac{10}{\sin 60°} = \dfrac{10}{0,8660} = 11,547$.

Der Umkreisradius r beträgt somit 5,77 cm.

Regel 211 Die Umkehrfunktionen der trigonometrischen Funktionen

Bezeichnung
Definitionsbereiche D, D(f)

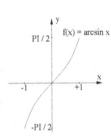

(a) Die Funktion arcsin x:

Gegeben: $\sin x$ mit $D = \left[-\dfrac{\pi}{2}, \dfrac{\pi}{2}\right]$

Umkehrung: $f(x) = \arcsin x$ mit
$D(f) = [-1, 1]$

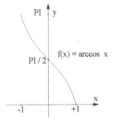

(b) Die Funktion arccos x:

Gegeben: $\cos x$ mit $D = [0, \pi]$

Umkehrung: $f(x) = \arccos x$ mit
$D(f) = [-1, 1]$

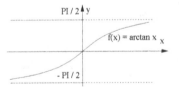

(c) Die Funktion arctan x:

Gegeben: $\tan x$ mit $D = \left(\dfrac{-\pi}{2}, \dfrac{\pi}{2}\right)$

Umkehrung: $f(x) = \arctan x$ mit
$D(f) = (-\infty, \infty)$

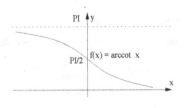

(d) Die Funktion arccot x:

Gegeben: $\cot x$ mit $D = (0, \pi)$

Umkehrung: $f(x) = \text{arccot } x$ mit
$D(f) = (-\infty, \infty)$

	arcsin x	arccos x	arctan x	arccot x
D(f)	$[-1, 1]$	$[-1, 1]$	$\mathbb{R}$	$\mathbb{R}$
W(f)	$\left[-\dfrac{\pi}{2}, \dfrac{\pi}{2}\right]$	$[0, \pi]$	$\left(-\dfrac{\pi}{2}, \dfrac{\pi}{2}\right)$	$(0, \pi)$
Symmetrie	ungerade	---------------	ungerade	---------------
Nullstellen	0	1	0	---------------

Tabelle 16: Eigenschaften der Arcusfunktionen

Beispiel

Berechnen Sie die Funktionswerte von arcsin x für x = 0; x = 0,5; x = 0,866 und x = 1 !

Lösung:

Man erhält aus der Sinustafel

$\sin 0° = 0$ $\sin 30° = 0,5$ $\sin 60° = 0,8660$ $\sin 90° = 1$.

Da die Funktion arcsin x die Umkehrfunktion der Funktion sin x ist, folgt nun mit $2 \cdot \pi \equiv 360°$:

$\text{arcsin } 0 = 0$ $\text{arcsin } 0,5 = \dfrac{\pi}{6}$ $\text{arcsin } 0,8660 = \dfrac{\pi}{3}$ $\text{arcsin } 1 = \dfrac{\pi}{2}$

19.4 Analytische Geometrie

19.4.1 Koordinatengeometrie

Regel 212   Die Gerade

Bezeichnungen

Steigung:	m
Abschnitte auf der x-Achse bzw. y-Achse:	a bzw. b
Punkte auf der Geraden:	(x_1, y_1) und (x_2, y_2)

(a) Hauptform:
In der Hauptform wird die Gerade definiert durch die Steigung m und den y-Achsenabschnitt b.

$$y = m \cdot x + b$$

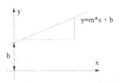

(b) Punkt-Steigungsform:
In der Punkt-Steigungsform wird die Gerade definiert durch die Steigung m und einen Punkt (x_1, y_1).

$$y - y_1 = m \cdot (x - x_1)$$

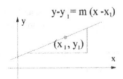

(c) Achsenabschnittsform:
In der Achsenabschnittsform wird die Gerade definiert durch den x-Achsenabschnitt a und den y-Achsenabschnitt b.

$$\frac{x}{a} + \frac{y}{b} = 1$$

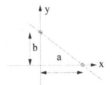

(d) Zwei-Punkte-Form:
In der Zwei-Punkte-Form wird die Gerade durch zwei Punkte (x_1, y_1) und (x_2, y_2) definiert.

$$y - y_1 = \frac{y_2 - y_1}{x_2 - x_1} \cdot (x - x_1)$$

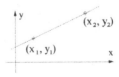

(e) Hessesche Normalform:

In der Hesseschen Normalform wird die Gerade durch den Abstand des Nullpunktes von der Geraden sowie dem Winkel zwischen positiver x-Achse und dem Lot auf die Gerade definiert.

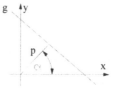

$x \cdot \cos \alpha + y \cdot \sin \alpha = p$

(f) Allgemeine Geradengleichung:

$A \cdot x + B \cdot y + C = 0$

Regel 213   Abstand eines Punktes von einer Geraden

Ein Punkt (x_1, y_1) hat von der Geraden
$A \cdot x + B \cdot y + C = 0$ den Abstand

$$d = \left| \frac{A \cdot x_1 + B \cdot y_1 + C}{\sqrt{A^2 + B^2}} \right|,$$

falls $A^2 + B^2 > 0$ gilt.

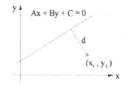

Beispiel

Berechnen Sie den Abstand des Punktes $(5, 5)$ von der Geraden $-2 \cdot x + y - 1 = 0$!

Lösung:

$$d = \left| \frac{-2 \cdot 5 + 1 \cdot 5 - 1}{\sqrt{1 + 4}} \right| = \frac{|-6|}{\sqrt{5}} = \frac{6}{5} \cdot \sqrt{5}$$

Der Abstand des Punktes von der Geraden beträgt also $\frac{6}{5} \cdot \sqrt{5}$.

Regel 214   Schnittwinkel zweier Geraden

Sind $g_1 = m_1 \cdot x + b_1$ und $g_2 = m_2 \cdot x + b_2$ zwei
Geraden, so ist

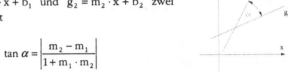

$$\tan \alpha = \left| \frac{m_2 - m_1}{1 + m_1 \cdot m_2} \right|$$

der Tangens des Schnittwinkels der Geraden, sofern $m_1 \cdot m_2 \neq -1$ gilt.

Beispiel

Berechnen Sie auf eine Nachkommastelle genau den Schnittwinkel der Geraden $g_1 = x$ und
$g_2 = 2 \cdot x$!

Lösung: $\tan \alpha = \dfrac{2 - 1}{1 + 2 \cdot 1} = \dfrac{1}{3}$

Also ist $\alpha = 18{,}4°$.

Regel 215   Die Kegelschnitte

Die allgemeine Gleichung eines Kegelschnittes lautet
$$A \cdot x^2 + B \cdot y^2 + C \cdot x + D \cdot y + E = 0 .$$
Hierbei gilt $A^2 + B^2 > 0$. Man unterscheidet folgende Fälle:

$A = B$:	Der Kegelschnitt ist ein Kreis.
$A \cdot B > 0, A \neq B$:	Der Kegelschnitt ist eine Ellipse.
$A \cdot B < 0$:	Der Kegelschnitt ist eine Hyperbel.
$A \cdot B = 0, A \neq B$:	Der Kegelschnitt ist eine Parabel

Regel 216   Der Kreis

Definition: Ein Kreis ist der geometrische Ort derjenigen Punkte, die von einem festen Punkt (dem Kreismittelpunkt) einen konstanten Abstand (Radius) haben.

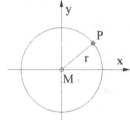

Bezeichnungen

Mittelpunkt: M

Radius: r

(a) Kreis mit Mittelpunkt $(0, 0)$:

Kreisgleichung $x^2 + y^2 = r^2$

Tangente an (x_1, y_1) $x \cdot x_1 + y \cdot y_1 = r^2$

Tangentenbedingung $y = m \cdot x + n$ ist genau dann Tangente, wenn

$$n^2 = m^2 \cdot r^2 + r^2$$

gilt.

(b) Kreis mit Mittelpunkt (x_m, y_m):

Kreisgleichung $(x - x_m)^2 + (y - y_m)^2 = r^2$

Tangente an (x_1, y_1) $(x - x_m) \cdot (x_1 - x_m) + (y - y_m) \cdot (y_1 - y_m) = r^2$

Tangentenbedingung $A \cdot x + B \cdot y + C = 0$ ist genau dann Tangente, wenn

$$A^2 \cdot r^2 + B^2 \cdot r^2 - (A \cdot x_m + B \cdot y_m + C)^2 = 0$$

ist.

Regel 217   Die Ellipse

Definition: Die Ellipse ist der geometrische Ort derjenigen Punkte, für die die Summe der Entfernungen von den Brennpunkten konstant ist. Diese Summe entspricht der Länge 2a der Hauptachse der Ellipse.

Bezeichnungen

Mittelpunkt:	M	
Hauptachse:	2a	
Nebenachse	2b	
Brennpunkte:	F, G	
Brennweite :	$e = \sqrt{a^2 - b^2}$ für	
	$a > b > 0$	

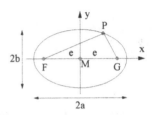

(a) Ellipse um den Punkt $(0, 0)$:

Ellipsengleichung
$$\frac{x^2}{a^2} + \frac{y^2}{b^2} = 1$$

Tangente an (x_1, y_1)
$$\frac{x \cdot x_1}{a^2} + \frac{y \cdot y_1}{b^2} = 1$$

Tangentenbedingung $y = mx + n$ ist genau dann Tangente, wenn
$$n^2 = a^2 \cdot m^2 + b^2$$

ist.

(b) Ellipse um den Punkt (x_m, y_m):

Ellipsengleichung
$$\frac{(x - x_m)^2}{a^2} + \frac{(y - y_m)^2}{b^2} = 1$$

Tangente an (x_1, y_1)
$$\frac{(x - x_m) \cdot (x_1 - x_m)}{a^2} + \frac{(y - y_m) \cdot (y_1 - y_m)}{b^2} = 1$$

Tangentenbedingung $A \cdot x + B \cdot y + C = 0$ ist genau dann Tangente,
wenn

$$A^2 a^2 + B^2 b^2 - (Ax_m + By_m + C)^2 = 0$$

ist.

Regel 218 Die Parabel

Definition: Die Parabel ist der geometrische Ort derjenigen Punkte, die vom Brennpunkt der Parabel und ihrer Leitlinie gleichen Abstand haben.

Bezeichnungen

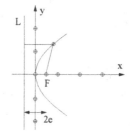

Scheitelpunkt: S
Brennpunkt: F
Parameter: p
Leitlinie: L

Brennweite: $e = |p| \cdot \dfrac{1}{2}$

(a) Parabel mit dem Scheitel $(0, 0)$:

Parabelgleichung $y^2 = 2p \cdot x$
Tangente an (x_1, y_1) $y \cdot y_1 = p \cdot (x + x_1)$
Tangentenbedingung $y = m \cdot x + n$ ist genau dann Tangente, wenn
                            $p = 2mn$

gilt.

(b) Parabel mit dem Scheitel (x_m, y_m):

Parabelgleichung $(y - y_m)^2 = 2p \cdot (x - x_m)$
Tangente an (x_1, y_1) $(y - y_m) \cdot (y_1 - y_m) = p \cdot (x + x_1 - 2x_m)$
Tangentenbedingung $A \cdot x + B \cdot y + C = 0$ ist genau dann Tangente,
wenn

$$B^2 \cdot p - 2A(Ax_m + By_m + C) = 0$$

ist.

Definition: Die Hyperbel ist der geometrische Ort derjenigen Punkte, für welche die Differenz der Entfernungen von den Brennpunkten konstant ist. Diese Differenz beträgt 2a, wobei 2a die Länge der Hauptachse ist.

Bezeichnungen

Scheitelpunkte der Hyperbel: S_1, S_2

Hauptachse:	2a
Nebenachse:	2b
Brennpunkte:	F,G
Brennweite:	$e = \dfrac{\overline{FG}}{2}$

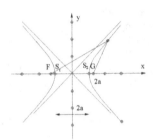

(a) Hyperbel mit dem Mittelpunkt $(0, 0)$:

Hyperbelgleichung
$$\frac{x^2}{a^2} - \frac{y^2}{b^2} = 1$$

Tangente an (x_1, y_1)
$$\frac{x \cdot x_1}{a^2} - \frac{y \cdot y_1}{b^2} = 1$$

Tangentenbedingung y = mx + n ist genau dann Tangente, wenn
$$n^2 = a^2 \cdot m^2 - b^2$$
gilt.

(b) Hyperbel mit dem Mittelpunkt (x_m, y_m):

Hyperbelgleichung
$$\frac{(x - x_m)^2}{a^2} - \frac{(y - y_m)^2}{b^2} = 1$$

Tangente an (x_1, y_1)
$$\frac{(x - x_m) \cdot (x_1 - x_m)}{a^2} - \frac{(y - y_m) \cdot (y_1 - y_m)}{b^2} = 1$$

Tangentenbedingung $A \cdot x + B \cdot y + C = 0$ ist genau dann Tangente,
wenn
$$A^2 a^2 - B^2 b^2 - (Ax_m + By_m + C)^2 = 0$$
gilt.

Beispiel: Kreis, Ellipse, Parabel und Hyperbel

(a) Wie lautet die Gleichung des Kreises mit dem Mittelpunkt $(0, 0)$ und dem Radius 5 ?

(b) Wie lautet die Gleichung der Tangente, die den Kreis (a) im Punkt $(3, 4)$ berührt?

(c) Wie lautet die Gleichung der Ellipse mit Mittelpunkt $(0, 0)$, Hauptachse 8 und Nebenachse 6 ?

(d) Berechnen Sie die Brennweite der Ellipse (c) !

(e) Wo liegen die Brennpunkte der Ellipse (c) ?

(f) Wie lautet der Parameter p der Parabel $y^2 = x$?

(g) Wie lautet die Gleichung der Tangente, die die Parabel (f) im Punkt $(1, 1)$ berührt?

(h) Wie lautet die Gleichung der Hyperbel mit Mittelpunkt $(1, 1)$, Hauptachse 2a = 8 und Nebenachse 2b = 6 ?

Lösung:

(a) Kreisgleichung

$$x^2 + y^2 = 5^2 .$$

(b) Tangentengleichung

$$x \cdot 3 + y \cdot 4 = 5^2 = 25 \Rightarrow 4 \cdot y = 25 - 3 \cdot x \Rightarrow y = \frac{25}{4} - \frac{3}{4} \cdot x$$

(c) Berechnung a, b

$$2 \cdot a = 8 \Rightarrow a = 4 \qquad\qquad 2 \cdot b = 6 \Rightarrow b = 3$$

Ellipsengleichung

$$\frac{x^2}{16} + \frac{y^2}{9} = 1$$

(d) Brennweite

$$e = \sqrt{a^2 - b^2} = \sqrt{16 - 9} = \sqrt{7}$$

(e) Brennpunkte

$$\left(\sqrt{7}, 0\right) \quad \text{und} \quad \left(-\sqrt{7}, 0\right)$$

(f) Parameter

$$y^2 = x = 2 \cdot p \cdot x \Rightarrow p = \frac{1}{2}$$

(g) Tangente

$$y \cdot 1 = \frac{1}{2} \cdot (x + 1) = \frac{1}{2} \cdot x + \frac{1}{2}$$

(h) Berechnung a, b

$$2 \cdot a = 8 \Rightarrow a = 4 \qquad\qquad 2 \cdot b = 6 \Rightarrow b = 3$$

Hyperbelgleichung

$$\frac{(x-1)^2}{4^2} - \frac{(y-1)^2}{3^2} = 1$$

19.4.2 Vektorgeometrie

Bezeichnungen:

Vektoren:	$\vec{a}, \vec{b}, \vec{c}$
Betrag eines Vektors:	$\left|\vec{a}\right|$
Einheitsvektor:	$\vec{e}$
Ortsvektor auf Punkt P:	$\overrightarrow{OP}$

Regel 220 Grundlagen der Vektorgeometrie

(a) Einheitsvektor:

Ein Einheitsvektor $\vec{e}$ ist ein Vektor mit $\left|\vec{e}\right| = 1$.

(b) Ortsvektor:

Ein Vektor $\overrightarrow{OP}$ heißt Ortsvektor, wenn er vom Nullpunkt 0 zum Punkt P gerichtet ist.

(c) Gleichheit von Vektoren:

Zwei Vektoren sind genau dann gleich, wenn sie in Betrag und Richtung übereinstimmen.

(d) Addition von zwei Vektoren:

Die Summe $\vec{s} = \vec{a} + \vec{b}$ von zwei Vektoren wird als gerichtete Diagonale des entsprechenden Parallelogrammes aufgefasst.

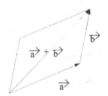

(e) Subtraktion von zwei Vektoren:

Die Differenz $\vec{d} = \vec{a} - \vec{b}$ wird als Summe der Vektoren $\vec{a}$ und $\left(-\vec{b}\right)$ aufgefasst.

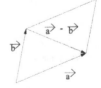

(f) Addition mehrerer Vektoren:

Mehrere Vektoren lassen sich nach dem Polygonverfahren addieren. Der Fall $n = 2$ ist der Spezialfall (d).

$$\vec{s} = \vec{a}_1 + \vec{a}_2 + \ldots + \vec{a}_n$$

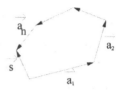

(g) Multiplikation eines Vektors mit einem Skalar:

Ist μ ein Skalar und $\vec{a}$ ein Vektor, so ist $\mu \cdot \vec{a}$ ein Vektor mit:

$$\left| \mu \cdot \vec{a} \right| = \left| \mu \right| \cdot \left| \vec{a} \right| .$$

Hierbei gilt:

$\mu = 0 \Rightarrow \mu \cdot \vec{a} = \vec{0}$;

$\mu > 0 \Rightarrow \vec{a}$ und $\mu \cdot \vec{a}$ haben die gleiche Richtung;

$\mu < 0 \Rightarrow \vec{a}$ und $\mu \cdot \vec{a}$ haben entgegengesetzte Richtungen.

(h) Das Skalarprodukt:

Sind $\vec{a} = \left(a_1, a_2, \ldots\ldots, a_n \right)$ und $\vec{b} = \left(b_1, b_2, \ldots\ldots, b_n \right)$ Vektoren, so wird der Skalar c definiert durch

$$c = \vec{a} \cdot \vec{b} = \sum_{i=1}^{n} a_i \cdot b_i .$$

(i) Orthogonalität von Vektoren:

Zwei vom Nullvektor verschiedene Vektoren $\vec{a}$ und $\vec{b}$ heißen orthogonal, wenn ihr Skalarprodukt $c = \vec{a} \cdot \vec{b}$ verschwindet.

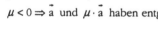

Beispiele: Skalarprodukt, Orthogonalität

(1) Das Skalarprodukt c der Vektoren $(1, 1)$ und $(1, 2)$ beträgt

$$c = 1 \cdot 1 + 1 \cdot 2 = 1 + 2 = 3 \ .$$

Aus diesem Grund sind die beiden Vektoren nicht orthogonal.

(2) Das Skalarprodukt c der Vektoren $(1, 0)$ und $(0, 1)$ ist

$$c = 0 + 0 = 0.$$

Aus diesem Grund sind die beiden Vektoren orthogonal.

Regel 221 Äußeres Produkt von Vektoren

Das äußere Produkt der Vektoren $\vec{a}$ und $\vec{b}$ ist der eindeutig bestimmte Vektor

$$\vec{c} = \vec{a} \times \vec{b}$$

für den gilt:

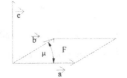

(1) $\left| \vec{c} \right| = \left| \vec{a} \right| \cdot \left| \vec{b} \right| \cdot \sin \mu$,

(2) $\vec{c}$ ist orthogonal zu $\vec{a}$ und $\vec{c}$ ist orthogonal zu $\vec{b}$,

(3) die Vektoren $\vec{a}, \vec{b}$ und $\vec{c}$ bilden ein Rechtssystem (Rechtsschraubung).

Geometrische Erläuterung: Die Vektoren $\vec{a}$ und $\vec{b}$ erzeugen ein Parallelogramm mit dem Flächeninhalt $\left| \vec{c} \right|$. Das äußere Produkt wird bei vielen Berechnungen in der Vektorgeometrie vorausgesetzt.

Regel 222   Die Gerade

Bezeichnungen

Gerade: g
Punkte auf der Geraden: P, Q, R
Ortsvektoren: $\vec{p} = \overrightarrow{0P}, \quad \vec{q} = \overrightarrow{0Q}$
Richtungsvektor auf g: $\vec{x} \neq \vec{0}$

(a) Punkt-Richtungsform:

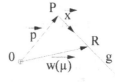

$$\vec{w}(\mu) = \vec{p} + \mu \cdot \vec{x}$$
mit $\mu \in \mathbb{R}, \ \vec{x} \neq 0$

(b) Zwei-Punkte-Form:

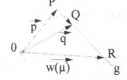

$$\vec{w}(\mu) = \vec{p} + \mu \cdot \overrightarrow{PQ} = \vec{p} + \mu \cdot (\vec{q} - \vec{p})$$
mit $\mu \in \mathbb{R}$

Beispiel: Vektorgleichung einer Geraden durch 2 Punkte

Stellen Sie die Vektorgleichung der Geraden durch die Punkte P = $(1, 1, 2)$ und Q = $(2, 2, 3)$ auf!

Lösung:

$$\vec{w}(\mu) = (1, 1, 2) + \mu \cdot (2 - 1, 2 - 1, 3 - 2) = (1, 1, 2) + \mu \cdot (1, 1, 1) = (1 + \mu, 1 + \mu, 2 + \mu).$$

Regel 223   Die Ebene

Bezeichnungen:

Ebene:	E
nicht parallele Richtungsvektoren der Ebene:	$\vec{v}_1$, $\vec{v}_2 \neq \vec{0}$
Punkte in der Ebene:	P, Q, R (paarweise verschieden)
zugehörige Ortsvektoren:	$\vec{p} = \overrightarrow{OP}$, $\vec{q} = \overrightarrow{OQ}$, $\vec{r} = \overrightarrow{OR}$

(a) Zwei-Punkte-Form:

$$\vec{w}\,(\lambda;\mu) = \vec{p} + \lambda \cdot \vec{v}_1 + \mu \cdot \vec{v}_2$$

mit $\lambda, \mu \in \mathbb{R}$

(b) Drei-Punkte-Form:

$$\vec{w}\,(\lambda;\mu) = \vec{p} + \lambda \cdot \overrightarrow{PQ} + \mu \cdot \overrightarrow{PR}$$
$$= \vec{p} + \lambda \cdot (\vec{q} - \vec{p}) + \mu \cdot (\vec{r} - \vec{p})$$

mit $\lambda, \mu \in \mathbb{R}$

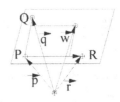

Beispiel: Drei-Punkte-Form einer Ebene

Stellen Sie die Vektorgleichung der Ebene auf, die durch die drei Punkte des $\mathbb{R}^3$ P = $(1, 1, 2)$ und Q = $(2, 2, 3)$ sowie R = $(3, 3, 4)$ verläuft.

Lösung:

$$\vec{w}\,(\lambda;\mu) = (1, 1, 2) + \lambda \cdot (2-1, 2-1, 3-2) + \mu \cdot (3-1, 3-1, 4-2)$$
$$= (1, 1, 2) + \lambda \cdot (1, 1, 1) + \mu \cdot (2, 2, 2) = (1+\lambda+2\mu, 1+\lambda+2\mu, 2+\lambda+2\mu)$$

19.5 Metrische Räume

Regel 224   Definition eines metrischen Raumes

Gegeben sei eine Menge X und eine Funktion $d : X \times X \to \mathbb{R}$. d heißt genau dann eine Metrik, wenn die folgenden Bedingungen erfüllt sind:

(a) $d(x, y) \geq 0$ \qquad für alle $x, y \in X$

(b) $d(x, y) = 0 \Leftrightarrow x = y$ \qquad für alle $x, y \in X$

(c) $d(x, y) = d(y, x)$ \qquad für alle $x, y \in X$

(d) $d(x, z) \leq d(x, y) + d(y, z)$ \qquad für alle $x, y, z \in X$

Das Paar (X, d) heißt **metrischer Raum.**

Beispiel

Für $X = \mathbb{R}$ wird durch
$d(x, y) = |x - y|$ für alle $x, y \in \mathbb{R}$
eine Metrik d definiert.

Beweis:
Für alle $x, y, z \in \mathbb{R}$ gilt:

(a) $d(x, y) = |x - y| \geq 0$

(b) $d(x, y) = 0 \Leftrightarrow |x - y| = 0 \Leftrightarrow x = y$

(c) $d(x, y) = |x - y| = |y - x| = d(y, x)$

(d) $d(x, z) = |x - z| = |x - y + y - z| \leq |x - y| + |y - z| = d(x, y) + d(y, z)$

20. Funktionswerte

20.1 Die Logarithmen von 1 bis 100

Logarithmen von 1 bis 35,9

	0,00	0,10	0,20	0,30	0,40	0,50	0,60	0,70	0,80	0,90
1	0,0000	0,0414	0,0792	0,1139	0,1461	0,1761	0,2041	0,2304	0,2553	0,2788
2	0,3010	0,3222	0,3424	0,3617	0,3802	0,3979	0,4150	0,4314	0,4472	0,4624
3	0,4771	0,4914	0,5051	0,5185	0,5315	0,5441	0,5563	0,5682	0,5798	0,5911
4	0,6021	0,6128	0,6232	0,6335	0,6435	0,6532	0,6628	0,6721	0,6812	0,6902
5	0,6990	0,7076	0,7160	0,7243	0,7324	0,7404	0,7482	0,7559	0,7634	0,7709
6	0,7782	0,7853	0,7924	0,7993	0,8062	0,8129	0,8195	0,8261	0,8325	0,8388
7	0,8451	0,8513	0,8573	0,8633	0,8692	0,8751	0,8808	0,8865	0,8921	0,8976
8	0,9031	0,9085	0,9138	0,9191	0,9243	0,9294	0,9345	0,9395	0,9445	0,9494
9	0,9542	0,9590	0,9638	0,9685	0,9731	0,9777	0,9823	0,9868	0,9912	0,9956
10	1,0000	1,0043	1,0086	1,0128	1,0170	1,0212	1,0253	1,0294	1,0334	1,0374
11	1,0414	1,0453	1,0492	1,0531	1,0569	1,0607	1,0645	1,0682	1,0719	1,0755
12	1,0792	1,0828	1,0864	1,0899	1,0934	1,0969	1,1004	1,1038	1,1072	1,1106
13	1,1139	1,1173	1,1206	1,1239	1,1271	1,1303	1,1335	1,1367	1,1399	1,1430
14	1,1461	1,1492	1,1523	1,1553	1,1584	1,1614	1,1644	1,1673	1,1703	1,1732
15	1,1761	1,1790	1,1818	1,1847	1,1875	1,1903	1,1931	1,1959	1,1987	1,2014
16	1,2041	1,2068	1,2095	1,2122	1,2148	1,2175	1,2201	1,2227	1,2253	1,2279
17	1,2304	1,2330	1,2355	1,2380	1,2405	1,2430	1,2455	1,2480	1,2504	1,2529
18	1,2553	1,2577	1,2601	1,2625	1,2648	1,2672	1,2695	1,2718	1,2742	1,2765
19	1,2788	1,2810	1,2833	1,2856	1,2878	1,2900	1,2923	1,2945	1,2967	1,2989
20	1,3010	1,3032	1,3054	1,3075	1,3096	1,3118	1,3139	1,3160	1,3181	1,3201
21	1,3222	1,3243	1,3263	1,3284	1,3304	1,3324	1,3345	1,3365	1,3385	1,3404
22	1,3424	1,3444	1,3464	1,3483	1,3502	1,3522	1,3541	1,3560	1,3579	1,3598
23	1,3617	1,3636	1,3655	1,3674	1,3692	1,3711	1,3729	1,3747	1,3766	1,3784
24	1,3802	1,3820	1,3838	1,3856	1,3874	1,3892	1,3909	1,3927	1,3945	1,3962
25	1,3979	1,3997	1,4014	1,4031	1,4048	1,4065	1,4082	1,4099	1,4116	1,4133
26	1,4150	1,4166	1,4183	1,4200	1,4216	1,4232	1,4249	1,4265	1,4281	1,4298
27	1,4314	1,4330	1,4346	1,4362	1,4378	1,4393	1,4409	1,4425	1,4440	1,4456
28	1,4472	1,4487	1,4502	1,4518	1,4533	1,4548	1,4564	1,4579	1,4594	1,4609
29	1,4624	1,4639	1,4654	1,4669	1,4683	1,4698	1,4713	1,4728	1,4742	1,4757
30	1,4771	1,4786	1,4800	1,4814	1,4829	1,4843	1,4857	1,4871	1,4886	1,4900
31	1,4914	1,4928	1,4942	1,4955	1,4969	1,4983	1,4997	1,5011	1,5024	1,5038
32	1,5051	1,5065	1,5079	1,5092	1,5105	1,5119	1,5132	1,5145	1,5159	1,5172
33	1,5185	1,5198	1,5211	1,5224	1,5237	1,5250	1,5263	1,5276	1,5289	1,5302
34	1,5315	1,5328	1,5340	1,5353	1,5366	1,5378	1,5391	1,5403	1,5416	1,5428
35	1,5441	1,5453	1,5465	1,5478	1,5490	1,5502	1,5514	1,5527	1,5539	1,5551

Logarithmen von 36 bis 81,9

	0,00	0,10	0,20	0,30	0,40	0,50	0,60	0,70	0,80	0,90
36	1,5563	1,5575	1,5587	1,5599	1,5611	1,5623	1,5635	1,5647	1,5658	1,5670
37	1,5682	1,5694	1,5705	1,5717	1,5729	1,5740	1,5752	1,5763	1,5775	1,5786
38	1,5798	1,5809	1,5821	1,5832	1,5843	1,5855	1,5866	1,5877	1,5888	1,5899
39	1,5911	1,5922	1,5933	1,5944	1,5955	1,5966	1,5977	1,5988	1,5999	1,6010
40	1,6021	1,6031	1,6042	1,6053	1,6064	1,6075	1,6085	1,6096	1,6107	1,6117
41	1,6128	1,6138	1,6149	1,6160	1,6170	1,6180	1,6191	1,6201	1,6212	1,6222
42	1,6232	1,6243	1,6253	1,6263	1,6274	1,6284	1,6294	1,6304	1,6314	1,6325
43	1,6335	1,6345	1,6355	1,6365	1,6375	1,6385	1,6395	1,6405	1,6415	1,6425
44	1,6435	1,6444	1,6454	1,6464	1,6474	1,6484	1,6493	1,6503	1,6513	1,6522
45	1,6532	1,6542	1,6551	1,6561	1,6571	1,6580	1,6590	1,6599	1,6609	1,6618
46	1,6628	1,6637	1,6646	1,6656	1,6665	1,6675	1,6684	1,6693	1,6702	1,6712
47	1,6721	1,6730	1,6739	1,6749	1,6758	1,6767	1,6776	1,6785	1,6794	1,6803
48	1,6812	1,6821	1,6830	1,6839	1,6848	1,6857	1,6866	1,6875	1,6884	1,6893
49	1,6902	1,6911	1,6920	1,6928	1,6937	1,6946	1,6955	1,6964	1,6972	1,6981
50	1,6990	1,6998	1,7007	1,7016	1,7024	1,7033	1,7042	1,7050	1,7059	1,7067
51	1,7076	1,7084	1,7093	1,7101	1,7110	1,7118	1,7126	1,7135	1,7143	1,7152
52	1,7160	1,7168	1,7177	1,7185	1,7193	1,7202	1,7210	1,7218	1,7226	1,7235
53	1,7243	1,7251	1,7259	1,7267	1,7275	1,7284	1,7292	1,7300	1,7308	1,7316
54	1,7324	1,7332	1,7340	1,7348	1,7356	1,7364	1,7372	1,7380	1,7388	1,7396
55	1,7404	1,7412	1,7419	1,7427	1,7435	1,7443	1,7451	1,7459	1,7466	1,7474
56	1,7482	1,7490	1,7497	1,7505	1,7513	1,7520	1,7528	1,7536	1,7543	1,7551
57	1,7559	1,7566	1,7574	1,7582	1,7589	1,7597	1,7604	1,7612	1,7619	1,7627
58	1,7634	1,7642	1,7649	1,7657	1,7664	1,7672	1,7679	1,7686	1,7694	1,7701
59	1,7709	1,7716	1,7723	1,7731	1,7738	1,7745	1,7752	1,7760	1,7767	1,7774
60	1,7782	1,7789	1,7796	1,7803	1,7810	1,7818	1,7825	1,7832	1,7839	1,7846
61	1,7853	1,7860	1,7868	1,7875	1,7882	1,7889	1,7896	1,7903	1,7910	1,7917
62	1,7924	1,7931	1,7938	1,7945	1,7952	1,7959	1,7966	1,7973	1,7980	1,7987
63	1,7993	1,8000	1,8007	1,8014	1,8021	1,8028	1,8035	1,8041	1,8048	1,8055
64	1,8062	1,8069	1,8075	1,8082	1,8089	1,8096	1,8102	1,8109	1,8116	1,8122
65	1,8129	1,8136	1,8142	1,8149	1,8156	1,8162	1,8169	1,8176	1,8182	1,8189
66	1,8195	1,8202	1,8209	1,8215	1,8222	1,8228	1,8235	1,8241	1,8248	1,8254
67	1,8261	1,8267	1,8274	1,8280	1,8287	1,8293	1,8299	1,8306	1,8312	1,8319
68	1,8325	1,8331	1,8338	1,8344	1,8351	1,8357	1,8363	1,8370	1,8376	1,8382
69	1,8388	1,8395	1,8401	1,8407	1,8414	1,8420	1,8426	1,8432	1,8439	1,8445
70	1,8451	1,8457	1,8463	1,8470	1,8476	1,8482	1,8488	1,8494	1,8500	1,8506
71	1,8513	1,8519	1,8525	1,8531	1,8537	1,8543	1,8549	1,8555	1,8561	1,8567
72	1,8573	1,8579	1,8585	1,8591	1,8597	1,8603	1,8609	1,8615	1,8621	1,8627
73	1,8633	1,8639	1,8645	1,8651	1,8657	1,8663	1,8669	1,8675	1,8681	1,8686
74	1,8692	1,8698	1,8704	1,8710	1,8716	1,8722	1,8727	1,8733	1,8739	1,8745
75	1,8751	1,8756	1,8762	1,8768	1,8774	1,8779	1,8785	1,8791	1,8797	1,8802
76	1,8808	1,8814	1,8820	1,8825	1,8831	1,8837	1,8842	1,8848	1,8854	1,8859
77	1,8865	1,8871	1,8876	1,8882	1,8887	1,8893	1,8899	1,8904	1,8910	1,8915
78	1,8921	1,8927	1,8932	1,8938	1,8943	1,8949	1,8954	1,8960	1,8965	1,8971
79	1,8976	1,8982	1,8987	1,8993	1,8998	1,9004	1,9009	1,9015	1,9020	1,9025
80	1,9031	1,9036	1,9042	1,9047	1,9053	1,9058	1,9063	1,9069	1,9074	1,9079
81	1,9085	1,9090	1,9096	1,9101	1,9106	1,9112	1,9117	1,9122	1,9128	1,9133

Logarithmen von 82 bis 99,9

	0,00	0,10	0,20	0,30	0,40	0,50	0,60	0,70	0,80	0,90
82	1,9138	1,9143	1,9149	1,9154	1,9159	1,9165	1,9170	1,9175	1,9180	1,9186
83	1,9191	1,9196	1,9201	1,9206	1,9212	1,9217	1,9222	1,9227	1,9232	1,9238
84	1,9243	1,9248	1,9253	1,9258	1,9263	1,9269	1,9274	1,9279	1,9284	1,9289
85	1,9294	1,9299	1,9304	1,9309	1,9315	1,9320	1,9325	1,9330	1,9335	1,9340
86	1,9345	1,9350	1,9355	1,9360	1,9365	1,9370	1,9375	1,9380	1,9385	1,9390
87	1,9395	1,9400	1,9405	1,9410	1,9415	1,9420	1,9425	1,9430	1,9435	1,9440
88	1,9445	1,9450	1,9455	1,9460	1,9465	1,9469	1,9474	1,9479	1,9484	1,9489
89	1,9494	1,9499	1,9504	1,9509	1,9513	1,9518	1,9523	1,9528	1,9533	1,9538
90	1,9542	1,9547	1,9552	1,9557	1,9562	1,9566	1,9571	1,9576	1,9581	1,9586
91	1,9590	1,9595	1,9600	1,9605	1,9609	1,9614	1,9619	1,9624	1,9628	1,9633
92	1,9638	1,9643	1,9647	1,9652	1,9657	1,9661	1,9666	1,9671	1,9675	1,9680
93	1,9685	1,9689	1,9694	1,9699	1,9703	1,9708	1,9713	1,9717	1,9722	1,9727
94	1,9731	1,9736	1,9741	1,9745	1,9750	1,9754	1,9759	1,9763	1,9768	1,9773
95	1,9777	1,9782	1,9786	1,9791	1,9795	1,9800	1,9805	1,9809	1,9814	1,9818
96	1,9823	1,9827	1,9832	1,9836	1,9841	1,9845	1,9850	1,9854	1,9859	1,9863
97	1,9868	1,9872	1,9877	1,9881	1,9886	1,9890	1,9894	1,9899	1,9903	1,9908
98	1,9912	1,9917	1,9921	1,9926	1,9930	1,9934	1,9939	1,9943	1,9948	1,9952
99	1,9956	1,9961	1,9965	1,9969	1,9974	1,9978	1,9983	1,9987	1,9991	1,9996

20.2 Sinuswerte von 0 bis 89,9

Sinuswerte von 0 bis 35,9

	0,00	0,10	0,20	0,30	0,40	0,50	0,60	0,70	0,80	0,90
0	0,0000	0,0017	0,0035	0,0052	0,0070	0,0087	0,0105	0,0122	0,0140	0,0157
1	0,0175	0,0192	0,0209	0,0227	0,0244	0,0262	0,0279	0,0297	0,0314	0,0332
2	0,0349	0,0366	0,0384	0,0401	0,0419	0,0436	0,0454	0,0471	0,0488	0,0506
3	0,0523	0,0541	0,0558	0,0576	0,0593	0,0610	0,0628	0,0645	0,0663	0,0680
4	0,0698	0,0715	0,0732	0,0750	0,0767	0,0785	0,0802	0,0819	0,0837	0,0854
5	0,0872	0,0889	0,0906	0,0924	0,0941	0,0958	0,0976	0,0993	0,1011	0,1028
6	0,1045	0,1063	0,1080	0,1097	0,1115	0,1132	0,1149	0,1167	0,1184	0,1201
7	0,1219	0,1236	0,1253	0,1271	0,1288	0,1305	0,1323	0,1340	0,1357	0,1374
8	0,1392	0,1409	0,1426	0,1444	0,1461	0,1478	0,1495	0,1513	0,1530	0,1547
9	0,1564	0,1582	0,1599	0,1616	0,1633	0,1650	0,1668	0,1685	0,1702	0,1719
10	0,1736	0,1754	0,1771	0,1788	0,1805	0,1822	0,1840	0,1857	0,1874	0,1891
11	0,1908	0,1925	0,1942	0,1959	0,1977	0,1994	0,2011	0,2028	0,2045	0,2062
12	0,2079	0,2096	0,2113	0,2130	0,2147	0,2164	0,2181	0,2198	0,2215	0,2233
13	0,2250	0,2267	0,2284	0,2300	0,2317	0,2334	0,2351	0,2368	0,2385	0,2402
14	0,2419	0,2436	0,2453	0,2470	0,2487	0,2504	0,2521	0,2538	0,2554	0,2571
15	0,2588	0,2605	0,2622	0,2639	0,2656	0,2672	0,2689	0,2706	0,2723	0,2740
16	0,2756	0,2773	0,2790	0,2807	0,2823	0,2840	0,2857	0,2874	0,2890	0,2907
17	0,2924	0,2940	0,2957	0,2974	0,2990	0,3007	0,3024	0,3040	0,3057	0,3074
18	0,3090	0,3107	0,3123	0,3140	0,3156	0,3173	0,3190	0,3206	0,3223	0,3239
19	0,3256	0,3272	0,3289	0,3305	0,3322	0,3338	0,3355	0,3371	0,3387	0,3404
20	0,3420	0,3437	0,3453	0,3469	0,3486	0,3502	0,3518	0,3535	0,3551	0,3567
21	0,3584	0,3600	0,3616	0,3633	0,3649	0,3665	0,3681	0,3697	0,3714	0,3730
22	0,3746	0,3762	0,3778	0,3795	0,3811	0,3827	0,3843	0,3859	0,3875	0,3891
23	0,3907	0,3923	0,3939	0,3955	0,3971	0,3987	0,4003	0,4019	0,4035	0,4051
24	0,4067	0,4083	0,4099	0,4115	0,4131	0,4147	0,4163	0,4179	0,4195	0,4210
25	0,4226	0,4242	0,4258	0,4274	0,4289	0,4305	0,4321	0,4337	0,4352	0,4368
26	0,4384	0,4399	0,4415	0,4431	0,4446	0,4462	0,4478	0,4493	0,4509	0,4524
27	0,4540	0,4555	0,4571	0,4586	0,4602	0,4617	0,4633	0,4648	0,4664	0,4679
28	0,4695	0,4710	0,4726	0,4741	0,4756	0,4772	0,4787	0,4802	0,4818	0,4833
29	0,4848	0,4863	0,4879	0,4894	0,4909	0,4924	0,4939	0,4955	0,4970	0,4985
30	0,5000	0,5015	0,5030	0,5045	0,5060	0,5075	0,5090	0,5105	0,5120	0,5135
31	0,5150	0,5165	0,5180	0,5195	0,5210	0,5225	0,5240	0,5255	0,5270	0,5284
32	0,5299	0,5314	0,5329	0,5344	0,5358	0,5373	0,5388	0,5402	0,5417	0,5432
33	0,5446	0,5461	0,5476	0,5490	0,5505	0,5519	0,5534	0,5548	0,5563	0,5577
34	0,5592	0,5606	0,5621	0,5635	0,5650	0,5664	0,5678	0,5693	0,5707	0,5721
35	0,5736	0,5750	0,5764	0,5779	0,5793	0,5807	0,5821	0,5835	0,5850	0,5864

Sinuswerte von 36 bis 80,9

	0,00	0,10	0,20	0,30	0,40	0,50	0,60	0,70	0,80	0,90
36	0,5878	0,5892	0,5906	0,5920	0,5934	0,5948	0,5962	0,5976	0,5990	0,6004
37	0,6018	0,6032	0,6046	0,6060	0,6074	0,6088	0,6101	0,6115	0,6129	0,6143
38	0,6157	0,6170	0,6184	0,6198	0,6211	0,6225	0,6239	0,6252	0,6266	0,6280
39	0,6293	0,6307	0,6320	0,6334	0,6347	0,6361	0,6374	0,6388	0,6401	0,6414
40	0,6428	0,6441	0,6455	0,6468	0,6481	0,6494	0,6508	0,6521	0,6534	0,6547
41	0,6561	0,6574	0,6587	0,6600	0,6613	0,6626	0,6639	0,6652	0,6665	0,6678
42	0,6691	0,6704	0,6717	0,6730	0,6743	0,6756	0,6769	0,6782	0,6794	0,6807
43	0,6820	0,6833	0,6845	0,6858	0,6871	0,6884	0,6896	0,6909	0,6921	0,6934
44	0,6947	0,6959	0,6972	0,6984	0,6997	0,7009	0,7022	0,7034	0,7046	0,7059
45	0,7071	0,7083	0,7096	0,7108	0,7120	0,7133	0,7145	0,7157	0,7169	0,7181
46	0,7193	0,7206	0,7218	0,7230	0,7242	0,7254	0,7266	0,7278	0,7290	0,7302
47	0,7314	0,7325	0,7337	0,7349	0,7361	0,7373	0,7385	0,7396	0,7408	0,7420
48	0,7431	0,7443	0,7455	0,7466	0,7478	0,7490	0,7501	0,7513	0,7524	0,7536
49	0,7547	0,7559	0,7570	0,7581	0,7593	0,7604	0,7615	0,7627	0,7638	0,7649
50	0,7660	0,7672	0,7683	0,7694	0,7705	0,7716	0,7727	0,7738	0,7749	0,7760
51	0,7771	0,7782	0,7793	0,7804	0,7815	0,7826	0,7837	0,7848	0,7859	0,7869
52	0,7880	0,7891	0,7902	0,7912	0,7923	0,7934	0,7944	0,7955	0,7965	0,7976
53	0,7986	0,7997	0,8007	0,8018	0,8028	0,8039	0,8049	0,8059	0,8070	0,8080
54	0,8090	0,8100	0,8111	0,8121	0,8131	0,8141	0,8151	0,8161	0,8171	0,8181
55	0,8192	0,8202	0,8211	0,8221	0,8231	0,8241	0,8251	0,8261	0,8271	0,8281
56	0,8290	0,8300	0,8310	0,8320	0,8329	0,8339	0,8348	0,8358	0,8368	0,8377
57	0,8387	0,8396	0,8406	0,8415	0,8425	0,8434	0,8443	0,8453	0,8462	0,8471
58	0,8480	0,8490	0,8499	0,8508	0,8517	0,8526	0,8536	0,8545	0,8554	0,8563
59	0,8572	0,8581	0,8590	0,8599	0,8607	0,8616	0,8625	0,8634	0,8643	0,8652
60	0,8660	0,8669	0,8678	0,8686	0,8695	0,8704	0,8712	0,8721	0,8729	0,8738
61	0,8746	0,8755	0,8763	0,8771	0,8780	0,8788	0,8796	0,8805	0,8813	0,8821
62	0,8829	0,8838	0,8846	0,8854	0,8862	0,8870	0,8878	0,8886	0,8894	0,8902
63	0,8910	0,8918	0,8926	0,8934	0,8942	0,8949	0,8957	0,8965	0,8973	0,8980
64	0,8988	0,8996	0,9003	0,9011	0,9018	0,9026	0,9033	0,9041	0,9048	0,9056
65	0,9063	0,9070	0,9078	0,9085	0,9092	0,9100	0,9107	0,9114	0,9121	0,9128
66	0,9135	0,9143	0,9150	0,9157	0,9164	0,9171	0,9178	0,9184	0,9191	0,9198
67	0,9205	0,9212	0,9219	0,9225	0,9232	0,9239	0,9245	0,9252	0,9259	0,9265
68	0,9272	0,9278	0,9285	0,9291	0,9298	0,9304	0,9311	0,9317	0,9323	0,9330
69	0,9336	0,9342	0,9348	0,9354	0,9361	0,9367	0,9373	0,9379	0,9385	0,9391
70	0,9397	0,9403	0,9409	0,9415	0,9421	0,9426	0,9432	0,9438	0,9444	0,9449
71	0,9455	0,9461	0,9466	0,9472	0,9478	0,9483	0,9489	0,9494	0,9500	0,9505
72	0,9511	0,9516	0,9521	0,9527	0,9532	0,9537	0,9542	0,9548	0,9553	0,9558
73	0,9563	0,9568	0,9573	0,9578	0,9583	0,9588	0,9593	0,9598	0,9603	0,9608
74	0,9613	0,9617	0,9622	0,9627	0,9632	0,9636	0,9641	0,9646	0,9650	0,9655
75	0,9659	0,9664	0,9668	0,9673	0,9677	0,9681	0,9686	0,9690	0,9694	0,9699
76	0,9703	0,9707	0,9711	0,9715	0,9720	0,9724	0,9728	0,9732	0,9736	0,9740
77	0,9744	0,9748	0,9751	0,9755	0,9759	0,9763	0,9767	0,9770	0,9774	0,9778
78	0,9781	0,9785	0,9789	0,9792	0,9796	0,9799	0,9803	0,9806	0,9810	0,9813
79	0,9816	0,9820	0,9823	0,9826	0,9829	0,9833	0,9836	0,9839	0,9842	0,9845
80	0,9848	0,9851	0,9854	0,9857	0,9860	0,9863	0,9866	0,9869	0,9871	0,9874

Sinuswerte von 81 bis 89,9

	0,00	0,10	0,20	0,30	0,40	0,50	0,60	0,70	0,80	0,90
81	0,9877	0,9880	0,9882	0,9885	0,9888	0,9890	0,9893	0,9895	0,9898	0,9900
82	0,9903	0,9905	0,9907	0,9910	0,9912	0,9914	0,9917	0,9919	0,9921	0,9923
83	0,9925	0,9928	0,9930	0,9932	0,9934	0,9936	0,9938	0,9940	0,9942	0,9943
84	0,9945	0,9947	0,9949	0,9951	0,9952	0,9954	0,9956	0,9957	0,9959	0,9960
85	0,9962	0,9963	0,9965	0,9966	0,9968	0,9969	0,9971	0,9972	0,9973	0,9974
86	0,9976	0,9977	0,9978	0,9979	0,9980	0,9981	0,9982	0,9983	0,9984	0,9985
87	0,9986	0,9987	0,9988	0,9989	0,9990	0,9990	0,9991	0,9992	0,9993	0,9993
88	0,9994	0,9995	0,9995	0,9996	0,9996	0,9997	0,9997	0,9997	0,9998	0,9998
89	0,9998	0,9999	0,9999	0,9999	0,9999	1,0000	1,0000	1,0000	1,0000	1,0000

20.3 Tangenswerte von 0 bis 89,9

Tangenswerte von 0 bis 35,9

	0,00	0,10	0,20	0,30	0,40	0,50	0,60	0,70	0,80	0,90
0	0,000	0,002	0,003	0,005	0,007	0,009	0,010	0,012	0,014	0,016
1	0,017	0,019	0,021	0,023	0,024	0,026	0,028	0,030	0,031	0,033
2	0,035	0,037	0,038	0,040	0,042	0,044	0,045	0,047	0,049	0,051
3	0,052	0,054	0,056	0,058	0,059	0,061	0,063	0,065	0,066	0,068
4	0,070	0,072	0,073	0,075	0,077	0,079	0,080	0,082	0,084	0,086
5	0,087	0,089	0,091	0,093	0,095	0,096	0,098	0,100	0,102	0,103
6	0,105	0,107	0,109	0,110	0,112	0,114	0,116	0,117	0,119	0,121
7	0,123	0,125	0,126	0,128	0,130	0,132	0,133	0,135	0,137	0,139
8	0,141	0,142	0,144	0,146	0,148	0,149	0,151	0,153	0,155	0,157
9	0,158	0,160	0,162	0,164	0,166	0,167	0,169	0,171	0,173	0,175
10	0,176	0,178	0,180	0,182	0,184	0,185	0,187	0,189	0,191	0,193
11	0,194	0,196	0,198	0,200	0,202	0,203	0,205	0,207	0,209	0,211
12	0,213	0,214	0,216	0,218	0,220	0,222	0,224	0,225	0,227	0,229
13	0,231	0,233	0,235	0,236	0,238	0,240	0,242	0,244	0,246	0,247
14	0,249	0,251	0,253	0,255	0,257	0,259	0,260	0,262	0,264	0,266
15	0,268	0,270	0,272	0,274	0,275	0,277	0,279	0,281	0,283	0,285
16	0,287	0,289	0,291	0,292	0,294	0,296	0,298	0,300	0,302	0,304
17	0,306	0,308	0,310	0,311	0,313	0,315	0,317	0,319	0,321	0,323
18	0,325	0,327	0,329	0,331	0,333	0,335	0,337	0,338	0,340	0,342
19	0,344	0,346	0,348	0,350	0,352	0,354	0,356	0,358	0,360	0,362
20	0,364	0,366	0,368	0,370	0,372	0,374	0,376	0,378	0,380	0,382
21	0,384	0,386	0,388	0,390	0,392	0,394	0,396	0,398	0,400	0,402
22	0,404	0,406	0,408	0,410	0,412	0,414	0,416	0,418	0,420	0,422
23	0,424	0,427	0,429	0,431	0,433	0,435	0,437	0,439	0,441	0,443
24	0,445	0,447	0,449	0,452	0,454	0,456	0,458	0,460	0,462	0,464
25	0,466	0,468	0,471	0,473	0,475	0,477	0,479	0,481	0,483	0,486
26	0,488	0,490	0,492	0,494	0,496	0,499	0,501	0,503	0,505	0,507
27	0,510	0,512	0,514	0,516	0,518	0,521	0,523	0,525	0,527	0,529
28	0,532	0,534	0,536	0,538	0,541	0,543	0,545	0,547	0,550	0,552
29	0,554	0,557	0,559	0,561	0,563	0,566	0,568	0,570	0,573	0,575
30	0,577	0,580	0,582	0,584	0,587	0,589	0,591	0,594	0,596	0,598
31	0,601	0,603	0,606	0,608	0,610	0,613	0,615	0,618	0,620	0,622
32	0,625	0,627	0,630	0,632	0,635	0,637	0,640	0,642	0,644	0,647
33	0,649	0,652	0,654	0,657	0,659	0,662	0,664	0,667	0,669	0,672
34	0,675	0,677	0,680	0,682	0,685	0,687	0,690	0,692	0,695	0,698
35	0,700	0,703	0,705	0,708	0,711	0,713	0,716	0,719	0,721	0,724

Tangenswerte von 36 bis 79,9

	0,00	0,10	0,20	0,30	0,40	0,50	0,60	0,70	0,80	0,90
36	0,727	0,729	0,732	0,735	0,737	0,740	0,743	0,745	0,748	0,751
37	0,754	0,756	0,759	0,762	0,765	0,767	0,770	0,773	0,776	0,778
38	0,781	0,784	0,787	0,790	0,793	0,795	0,798	0,801	0,804	0,807
39	0,810	0,813	0,816	0,818	0,821	0,824	0,827	0,830	0,833	0,836
40	0,839	0,842	0,845	0,848	0,851	0,854	0,857	0,860	0,863	0,866
41	0,869	0,872	0,875	0,879	0,882	0,885	0,888	0,891	0,894	0,897
42	0,900	0,904	0,907	0,910	0,913	0,916	0,920	0,923	0,926	0,929
43	0,933	0,936	0,939	0,942	0,946	0,949	0,952	0,956	0,959	0,962
44	0,966	0,969	0,972	0,976	0,979	0,983	0,986	0,990	0,993	0,997
45	1,000	1,003	1,007	1,011	1,014	1,018	1,021	1,025	1,028	1,032
46	1,036	1,039	1,043	1,046	1,050	1,054	1,057	1,061	1,065	1,069
47	1,072	1,076	1,080	1,084	1,087	1,091	1,095	1,099	1,103	1,107
48	1,111	1,115	1,118	1,122	1,126	1,130	1,134	1,138	1,142	1,146
49	1,150	1,154	1,159	1,163	1,167	1,171	1,175	1,179	1,183	1,188
50	1,192	1,196	1,200	1,205	1,209	1,213	1,217	1,222	1,226	1,230
51	1,235	1,239	1,244	1,248	1,253	1,257	1,262	1,266	1,271	1,275
52	1,280	1,285	1,289	1,294	1,299	1,303	1,308	1,313	1,317	1,322
53	1,327	1,332	1,337	1,342	1,347	1,351	1,356	1,361	1,366	1,371
54	1,376	1,381	1,387	1,392	1,397	1,402	1,407	1,412	1,418	1,423
55	1,428	1,433	1,439	1,444	1,450	1,455	1,460	1,466	1,471	1,477
56	1,483	1,488	1,494	1,499	1,505	1,511	1,517	1,522	1,528	1,534
57	1,540	1,546	1,552	1,558	1,564	1,570	1,576	1,582	1,588	1,594
58	1,600	1,607	1,613	1,619	1,625	1,632	1,638	1,645	1,651	1,658
59	1,664	1,671	1,678	1,684	1,691	1,698	1,704	1,711	1,718	1,725
60	1,732	1,739	1,746	1,753	1,760	1,767	1,775	1,782	1,789	1,797
61	1,804	1,811	1,819	1,827	1,834	1,842	1,849	1,857	1,865	1,873
62	1,881	1,889	1,897	1,905	1,913	1,921	1,929	1,937	1,946	1,954
63	1,963	1,971	1,980	1,988	1,997	2,006	2,014	2,023	2,032	2,041
64	2,050	2,059	2,069	2,078	2,087	2,097	2,106	2,116	2,125	2,135
65	2,145	2,154	2,164	2,174	2,184	2,194	2,204	2,215	2,225	2,236
66	2,246	2,257	2,267	2,278	2,289	2,300	2,311	2,322	2,333	2,344
67	2,356	2,367	2,379	2,391	2,402	2,414	2,426	2,438	2,450	2,463
68	2,475	2,488	2,500	2,513	2,526	2,539	2,552	2,565	2,578	2,592
69	2,605	2,619	2,633	2,646	2,660	2,675	2,689	2,703	2,718	2,733
70	2,747	2,762	2,778	2,793	2,808	2,824	2,840	2,856	2,872	2,888
71	2,904	2,921	2,937	2,954	2,971	2,989	3,006	3,024	3,042	3,060
72	3,078	3,096	3,115	3,133	3,152	3,172	3,191	3,211	3,230	3,251
73	3,271	3,291	3,312	3,333	3,354	3,376	3,398	3,420	3,442	3,465
74	3,487	3,511	3,534	3,558	3,582	3,606	3,630	3,655	3,681	3,706
75	3,732	3,758	3,785	3,812	3,839	3,867	3,895	3,923	3,952	3,981
76	4,011	4,041	4,071	4,102	4,134	4,165	4,198	4,230	4,264	4,297
77	4,331	4,366	4,402	4,437	4,474	4,511	4,548	4,586	4,625	4,665
78	4,705	4,745	4,787	4,829	4,872	4,915	4,959	5,005	5,050	5,097
79	5,145	5,193	5,242	5,292	5,343	5,396	5,449	5,503	5,558	5,614

Tangenswerte von 80 bis 89,9

	0,00	0,10	0,20	0,30	0,40	0,50	0,60	0,70	0,80	0,90
80	5,671	5,730	5,789	5,850	5,912	5,976	6,041	6,107	6,174	6,243
81	6,314	6,386	6,460	6,535	6,612	6,691	6,772	6,855	6,940	7,026
82	7,115	7,207	7,300	7,396	7,495	7,596	7,700	7,806	7,916	8,028
83	8,14	8,26	8,39	8,51	8,64	8,78	8,92	9,06	9,21	9,36
84	9,51	9,68	9,84	10,02	10,20	10,39	10,58	10,78	10,99	11,20
85	11,43	11,66	11,91	12,16	12,43	12,71	13,00	13,30	13,62	13,95
86	14,30	14,67	15,06	15,46	15,89	16,35	16,83	17,34	17,89	18,46
87	19,08	19,74	20,45	21,20	22,02	22,90	23,86	24,90	26,03	27,27
88	28,64	30,14	31,82	33,69	35,80	38,19	40,92	44,07	47,74	52,08
89	57,29	63,66	71,62	81,85	95,49	114,59	143,24	190,98	286,48	572,96

20.4 Konstanten

Ludolfsche Zahl: $\pi = 3{,}141592654$

Eulersche Zahl: $e = 2{,}718281828$

20.5 Poissonverteilung

Die folgenden Werte zeigen die Poissonverteilung $P(z; n) = \dfrac{z^n}{n!} \cdot e^{-z}$ für die

Werte n = 0, 1,2, ... ,9; z = 1, 2, ... ,10.

Poissonverteilung

n	z = 1	z = 2	z = 3	z = 4	z = 5	z = 6	z = 7	z = 8	z = 9	z = 10
0	0,3679	0,1353	0,0498	0,0183	0,0067	0,0025	0,0009	0,0003	0,0001	0,0000
1	0,3679	0,2707	0,1494	0,0733	0,0337	0,0149	0,0064	0,0027	0,0011	0,0005
2	0,1839	0,2707	0,2240	0,1465	0,0842	0,0446	0,0223	0,0107	0,0050	0,0023
3	0,0613	0,1804	0,2240	0,1954	0,1404	0,0892	0,0521	0,0286	0,0150	0,0076
4	0,0153	0,0902	0,1680	0,1954	0,1755	0,1339	0,0912	0,0573	0,0337	0,0189
5	0,0031	0,0361	0,1008	0,1563	0,1755	0,1606	0,1277	0,0916	0,0607	0,0378
6	0,0005	0,0120	0,0504	0,1042	0,1462	0,1606	0,1490	0,1221	0,0911	0,0631
7	0,0001	0,0034	0,0216	0,0595	0,1044	0,1377	0,1490	0,1396	0,1171	0,0901
8	0,0000	0,0009	0,0081	0,0298	0,0653	0,1033	0,1304	0,1396	0,1318	0,1126
9	0,0000	0,0002	0,0027	0,0132	0,0363	0,0688	0,1014	0,1241	0,1318	0,1251

20.6 Gaußverteilung

Die folgende Tabelle zeigt die Integrale $\dfrac{1}{\sqrt{2 \cdot \pi}} \cdot \displaystyle\int_{-x}^{x} e^{-\frac{t^2}{2}} \, dt$ für x = 0,1 bis 3 im

Abstand von 0,1.

$$\frac{1}{\sqrt{2 \cdot \pi}} \cdot \int_{-x}^{+x} e^{-\frac{t^2}{2}} \cdot dt$$

0,1	0,080	1,1	0,729	2,1	0,964
0,2	0,159	1,2	0,770	2,2	0,972
0,3	0,236	1,3	0,806	2,3	0,979
0,4	0,311	1,4	0,838	2,4	0,984
0,5	0,383	1,5	0,866	2,5	0,988
0,6	0,451	1,6	0,890	2,6	0,991
0,7	0,516	1,7	0,911	2,7	0,993
0,8	0,576	1,8	0,928	2,8	0,995
0,9	0,632	1,9	0,943	2,9	0,996
1,0	0,683	2,0	0,955	3,0	0,997

Zeigen Sie , dass sich die Integrale $F(t) = \dfrac{1}{\sqrt{2 \cdot \pi}} \cdot \displaystyle\int_{-\infty}^{x} e^{-\frac{t^2}{2}} \cdot dt$ aus obiger

Tabelle unmittelbar ableiten lassen!

20. Index